走出心灵的黑洞

——青少年心理奇点探索

李百芹 著

山东文艺出版社

图书在版编目（CIP）数据

走出心灵的黑洞/李百芹著. —济南:山东文艺出版社，
2019.3

ISBN 978 – 7 – 5329 – 5829 – 0

Ⅰ.①走… Ⅱ.①李… Ⅲ.①儿童心理学
Ⅳ.①B844.1

中国版本图书馆 CIP 数据核字(2019)第 039343 号

走出心灵的黑洞
——青少年心理奇点探索
李百芹　著

主管单位　山东出版传媒股份有限公司
出版发行　山东文艺出版社
社　　址　山东省济南市英雄山路 189 号
邮　　编　250002
网　　址　www.sdwypress.com

读者服务　0531 – 82098776(总编室)
　　　　　　　0531 – 82098775(市场营销部)
电子邮箱　sdwy@ sd press. com. cn

印　　刷　山东新华印务有限公司
开　　本　710 毫米 × 1000 毫米　1/16
印　　张　15　插页/2
字　　数　180 千
版　　次　2019 年 3 月第 1 版
印　　次　2024 年 3 月第 4 次印刷
书　　号　ISBN 978 – 7 – 5329 – 5829 – 0
定　　价　45.00 元

目录

走出
心灵的黑洞

扫码免费听全书
（总码）

序：小宇宙里的大爆炸　　　　　　　　毕唐书 / 1

01　点亮生命的精彩　　　　　　　　　　　/ 1

02　世界和我，到底谁错了　　　　　　　　/ 9

03　高考，到底是谁的事　　　　　　　　　/ 16

04　走不出的世界　　　　　　　　　　　　/ 24

05　管控下的"听话"　　　　　　　　　　　/ 30

06　跳出高考焦虑的恶性循环　　　　　　　/ 37

07　其实，你的生命原本美好　　　　　　　/ 42

08　少了一个人　　　　　　　　　　　　　/ 49

09　"名师"杀手　　　　　　　　　　　　　/ 57

10　寻找让生命燃烧的力量　　　　　　　　/ 65

11　用自己的生命力去迎接挑战　　　　　　/ 72

12　你是你自己的救主　　　　　　　　　　/ 82

13　妈妈，请还我做人的权利　　　　　　　/ 91

14　给孩子一只伸过来的手　　　　　　　　/ 99

15　缺憾的力量　　　　　　　　　　　　　/ 106

16　我的妈妈当老师　　　　　　　　　　 / 114

17　让孩子活出自己　　　　　　　　　　 / 122

18　换个角度即精彩　　　　　　　　　　 / 132

19　我为什么活着　　　　　　　　　　　 / 138

20　"健康快乐"是个坑　　　　　　　　　 / 147

21　谁能帮得了它　　　　　　　　　　　 / 155

22　从一锅粥到一片祥和　　　　　　　　 / 165

23　一个错误的链接　　　　　　　　　　 / 174

24　我到底为什么要学习　　　　　　　　 / 183

附　录

01　解放受困的灵魂　　　　　　　　　　 / 194

　　——李百芹心理奇点教育的探索之路

02　开启心智，化育心灵　　　　　　　　 / 213

　　——《解放受困的灵魂》读后

小宇宙里的大爆炸

毕唐书

（一）

这是一部难得一见的奇书。

这是一部关于教育的书，是一本写给所有父母和孩子的书，也是一部关于人生的书；不仅学生、教师、家长应该读，我们每一个成年人如果想祛除自己的心灵之霾，也都应该读一读。

书的作者是李百芹（舒悦）。李百芹是山东省潍坊市一名中学高级教师，担任高中学生成长指导中心主任十多年，长期致力于心理教育研究。其事迹通过《当代教育家》《山东教育》的报道和中国网、人民日报中国经济周刊官网、中国新闻网等三十多家网站转载，已经广为人知。

时而心惊肉跳，时而掩卷沉思，时而会心一笑，书中的每一篇文章都能使你一口气读完，欲罢而不能。很多篇目一看题目就会让你产生强烈的阅读冲动。

"世界和我，到底谁错了？"——一个奇怪的话题！难道世界会和我较劲，是"我"错了？"我"又会错在哪里呢？你不想找到答案？

"走不出的世界"——这个"走不出的世界"会是个什么样的世界？为什么会走不出去？要怎么样才能走出去？走不出去会怎样？走

出去之后又会怎样？对此，难道你不想搞清楚？

"少了一个人"——少了一个什么人？哪里少了一个人？少了这个人又会怎样？重要吗？

"'名师'杀手"——"名师"怎么会成了"杀手"？什么样的"名师"才会成为"杀手"？又是怎样"杀人"的？为什么会出现这样的"名师"？

"缺憾的力量"——"缺憾"就是缺憾，怎么还会有力量？如果真的有力量，力量又会在哪里？

"你是你自己的救主"——自己怎么会是自己的"救主"？当自己陷于生活的旋涡，总希望别人救自己，自己怎么能救自己？故弄玄虚吧？

……

而当你带着这些问号一篇又一篇地读完这本书，相信你的心态和思维方式会由此而发生改变：改变你对自己的看法，改变你对这个世界的看法，改变你对人生的看法，改变你对教育的看法。

（二）

说"奇"，首先奇在本书所涉及的是一个教育上至今很少有人探究的领域，这个领域李百芹称之为"奇点心理"。

关于"奇点心理"，李百芹是这样解释的：

在孩子们的成长历程中，可能会出现类似黑洞的现象：家长、老师、朋友……不管是循循善诱，还是苦口婆心，抑或是当头棒喝，教育力量在这里竟然失效了，育人规律好像不能在其身上起作用！它类似物理学上的"奇点定理"所认为的奇点。奇点是大爆炸宇宙论所追溯的宇宙演化的起点。空间—时间在该处完结，一切已知物理定律均在该处失效，所以人类不能预言在奇点处会发生什么。

这是一个惊人的发现。

难道这样的教育上的"心理奇点"真的存在？

如果仅仅是理论，恐怕不会有多少人信服和认同。但是，当你读了这本书之后，你就不能不承认这个"奇点心理"世界的存在。因为它通过大量的案例向我们展示了这个无奇不有的诡秘世界，从而让我们见识到了人的生命密码的复杂，并以此比照出了很多教育诊断的虚妄。

一个性格活泼开朗的女孩，期中考试由前五名一下子滑到第十二名，她苦苦反思，找不到原因，为此非常痛苦。老师们对这个女孩进行了集体分析，结论是：心思没全用在学习上，经常分心。但女孩自己并不认同，因为考试前的两个月自己学习很投入，而且几乎是上学以来学得最用功的一段时间。女孩因此陷于困境而不能自拔。李百芹却透过表象，慧眼独具地从女孩心理世界的诡秘处找到了真相：

看得出，这次成绩下降对她的打击十分大，她非要找出原因。尽管她不承认老师、家长对她下的"分心"的定论，但她同时也陷入了找不到原因的痛苦中，于是，权威们"分心"的评判，反复地敲打着她痛楚的神经，已经在她心中清晰地留痕了。一个人，当内心有观点闯入的时候，自然就会下意识地努力寻找证据。

……真是一念天堂，一念地狱！而这"一念"便常常是心理发生变化的奇点。其实，让孩子觉得自己不够好，并努力找出不好的证据，这才是一个真正让人痛苦并走不出的世界。

——《走不出的世界》

如果不是真实发生过，谁能想到原因竟然会如此诡异！谁能想到人心还会存在这样一个自设的走不出的世界！

也是一个女孩，因为一次考试没有考好，从此失去了自信，甚至"不想活了"。医生看过了，能想到的办法都试过了，都解决不了问题，女孩精神几近崩溃。而当了解了基本情况之后，李百芹很快就诊断出了造成这种状态的女孩内心深处的心理动因：

"其实，你的生命原本很美好。"我接着说，"只是，自从去了实验班，你的成绩名次不高，你就再也不肯原谅自己，每天都在寻找自己的缺点，放大自己的缺点，并抱怨自己不是原来的样子。当你不停地指责、抱怨和痛恨的时候，你的那个自己便越来越渺小，越来越胆怯、萎缩，你会感到越来越压抑，越来越没有自信。

——《其实，你的生命原本美好》

还有更让人为之辛酸心痛的。

这是一个男孩，总想考个好大学，"让妈妈不失望"，因此"很着急，越着急越学不下去"。男孩也"很爱出风头，很爱表现自己，而且谨小慎微，总是担心这担心那的"，尤其是一到考试前，就特别担心会让妈妈失望，所以，就很努力地去做，但又总感觉做不好，并因此丧失了自信。

专业思维让李百芹立刻做出判断：他的妈妈当老师，还是优秀班主任，并"由此想到了掩藏在问题背后可能存在的问题"：

> 他猛然抬起头来，眼泪唰地就下来了，继而低头抽泣起来。
>
> "来到高中，我整个人就不好了，什么都不好，做什么都不对，从来没有人表扬过我，甚至没有人看到我的努力，没有人理解我。"
>
> "所以，你处处努力想做好，想被别人看到，想得到别人的肯定，想被别人赞赏，更想让妈妈开心高兴，是这样吗？"
>
> 他擦着泪，点点头。"老师，您刚才问我，爸爸妈妈的关系怎么样，是不是妈妈说了算。我不想回答，这是我在外人面前一直非常回避的问题，我只想深深藏在心里。但是，现在我觉得我可以对您说出来了。
>
> "从我记事起，爸爸妈妈就天天吵架，一直闹离婚。我妈很强势，什么都说了算。平时我爸什么都不管，可是吵起架来，就动手打我妈，我很害怕。"他说着这些，看起来好像很轻松，"老师，你是不是看出了什么？我的状态是不是与这些有关系？"
>
> ——《我的妈妈当老师》

教育是育人、立人的。育人、立人，先要正心、立心，而要正心、立心，就要首先学会读心、知心，否则，就会开错药方，误导孩子，甚至在爱的名义之下，不自觉地成为伤害孩子的"杀手"。所以，无论是为人师者，还是为人父母者，读过这本书之后，最好能先反问一下自己：我们真的了解孩子的心理世界——读懂了孩子的心吗？作为成年人，也应该审视一下自己的内心，那里是否也有一个心理的奇点？

（三）

说"奇"，还奇在这本书所蕴含的思想的力量和智慧的灵光。在这里，你可以看到思想和智慧交相辉映、相得益彰。

他走了，我的头脑似乎更加清晰了。是的，缺憾本身就是一种力量，用对了，就会创造人生的辉煌；用错了，则会导致人生的溃败。而积极的人生，就是面对缺憾，把力量导向正确的方向。

——《缺憾的力量》

"缺憾本身就是一种力量"——谁会这样想呢？如果缺憾是一种力量，人还会存在优点吗？但当你读完了《缺憾的力量》，你自然就会信服悦纳这一真知灼见，你的思维空间也会因此而大大拓展，你的生活态度也会因之改变。

高考紧张是正常的，胸闷也是正常的，出现一些其他的状况也是正常的。而现在的不正常是在于你努力想改变这种状态。

……努力改变不能改变的，就是你痛苦的源头，也是恶性循环的起点。但是，当你接纳现实，专注当下的时候，这个循环就不存在了。

——《跳出高考焦虑的恶性循环》

"努力改变不能改变的，就是你痛苦的源头。"这岂止是那位陷于高考焦虑的孩子的痛苦源头！我们芸芸众生之中又有几人能够跳出这一源头呢？"当你接纳现实、专注当下的时候，这个循环就不存在了。"但我们之中又有几人能有这样的人生智慧，活得这样通透呢？

讽刺挖苦、当众羞辱、乱贴标签、千篇一律的标准件式管理，将孩子的自信、好奇心以及源自生命本能的学习能力和兴趣一点点摧毁殆尽。而这位老师却只因管理严、教学成绩比别的班高，就被认定为"名师"，并被家长大肆追捧。孩子的天性就是这样被所谓的"名师"扼杀，而家长却心甘情愿地做着帮凶！

——《"名师"杀手》

这一"警世通言""醒世恒言"值得每一位教师和孩子的父母铭记，以免自己在不自觉中成为伤害孩子的"杀手"。事实上，现实中的教育有时何尝不是在发挥着"将孩子的自信、好奇以及源自生命本能的学习能力和兴趣一点点摧毁殆尽"的"杀手"的作用！而不幸的是，这样的悲剧依然在一幕又一幕地上演。

但当我眼前忽然又一次闪过儿子那"愤怒"的样子，耳边又一次响起儿子"愤怒"的控诉时，内心却生发出了无限的悲哀。

"学习好有什么用啊……"在很多人看来，学习好了，上了名牌大学，读了研究生，当然就是成功者，但正如儿子所"控诉"的那样，如果成绩好的学生最后结果是"很多事不知道怎么做……"，不像是一个正常人，那么这样的成功又有什么意义呢？

——《妈妈，请还我做人的权利》

如果成绩好的学生最后结果是"很多事不知道怎么做……"，不像是一个正常人，那么这样的成功又有什么意义呢？——这的确是一个摆在每一位学子、每一位父母、每一位教师和每一位校长面前的十分严峻的问题，恐怕谁也不愿意自己的孩子成为这样的人，但又有谁严肃认真地考虑过这个问题呢？

相信每一位读者面对这些直指心灵的叩问，都不会无动于衷。而当你有所觉悟的时候，是否该考虑改变点什么？

在阅读这本书的过程中，你还能强烈地感受到，其所蕴含的思想和智慧并不是纯粹的抽象的思考，而是特定情境之下自然而然的生发，所以，这些思想和智慧就不仅具有理性的穿透力，而且还具有情感的冲击力。理性与感性同时发力，心锁自然豁然中开，光明自然充溢心胸：

"处理问题的方法可以是多样的，并不是非对即错。你对了，别人也可以是对的，你觉得呢？"

有时候，只需一句话就能解开心锁。

他沉默了，两行眼泪滚滚而下。

泪水开始融化他全身的刺，开始卸掉他全身披挂的战斗盔甲，让他开始收起警觉挑衅的目光，从而接纳别人的不同。渐渐地，生命的能量开始重新回到了自我，集中在做好自己上。

《道德经》云："坚强者死之徒，柔弱者生之徒。"

接下来，我又适时做了些引导，告诉他，人需要悦纳自我，但与悦纳自我同样重要的是，也要悦纳他人，这样你才能活在阳光里……他默默地听着，不时地点着头。最后他说，现在自己浑身轻松了，不再恶心，胸口也不再堵着了，喘气也舒畅了，并决定回教室学习，不再请假回家。

——《世界和我，到底谁错了》

当你读到这里的时候，可能已经分不清哪些地方是理性的说服，哪些地方是气氛的熏染；哪些地方是逻辑推理，哪些地方是情境顿悟……总之，一切都密不可分地交融在一起，你也会不自觉地置身于场景之中，并在感动之中幡然醒悟，并为之心悦诚服。

不过，我最为欣赏的还是书中提出的"快乐学习，享受高考"的教育理念。在当下中国，当全民几乎都因高考而陷于"教育焦虑症"，毫无疑问，这一理念的提出极具特殊意义。尤其难能可贵的是，李百芹提出的这一理念绝非书斋里的异想天开，而是她长期教育实践的结晶。所以，当很多人认为这一观点"太天真，太荒唐，太可笑，太不切实际"的时候，她自己却始终坚信不疑，特立独行，并以此影响着自己的学生：

我很欣慰，因为通过两节课的感悟和体验，他们信了，相信学习是可以快乐的。这份相信已经为他们打开了快乐学习的大门。此时，他们的反应也让我更加坚信：我的心理课能调动他们自身的能量，让他们找到学习的快乐，能引导他们除了做好知识储备之外，更要做好身心各方面的充分准备，去享受高考——这人生的第一次挑战。

我的坚信是有底气的。一是，人，作为高级动物，学习是本能，探索未知是天性。这是毋庸置疑的！让孩子们快乐学习不是改变，不是创造，而是恢复学习本来的样子。二是，十几年的探索和实践，我手里已经有几十个通过引导快乐学习的孩子，他们是支持我观点的活生生的论据。

——《点亮生命的精彩》

这是理性的自信，更是对自己教育实践的自信。

书中还有大量的教育案例都可以有力地支撑这一观点，相信只要看过这些活生生的实例，你就不可能不为之所动。而当这一观点被越来越多的人悦纳并付之于教育实践时，相信高考，以至于整个教育生态将会发生本质的改变。

李百芹的心理奇点教育面对的是人心这个最神秘的世界。病易治，心难医。人的心灵世界是一个小宇宙，宇宙的所有密码也存在于这个小宇宙之中。大爆炸之前的宇宙处在"有物混成"的混沌之中，经过大爆炸，宇宙才得以生发。人心这个小宇宙，起初也同样会处在迷蒙混沌之中，需要经过大爆炸式的思想启蒙，才能诞生一个全新的生命体。李百芹的心理奇点教育就是"治心"，治心就是启蒙——以思想和智慧点亮心灯，释放"受困的灵魂"自身的生命能量；而生命能量一旦释放，一切都会为之改观。

在《你是你自己的救主》中，我们可以生动地看到这一生命能量的释放、爆发过程，这个过程直如醍醐灌顶：

"是的，我受够了。我想像以前一样，像上小学的时候一样上学。我妈妈说，你有办法帮我。老师，你真能帮助我吗？"

他这么说，我知道他还没明白我的意思，也没领会我的意图。

"当你在教室里痛苦压抑的时候，当你烦躁得不想活的时候，是谁帮你挺过来的？"我看着他，笑了笑。

"我自己啊。"他不解地看着我。

"是啊，是你自己！你才是你自己的救主，永远是这样。你的生命是有力量的。你不要忽视了自己的能量，不要看轻了自己的存在，更不要一味打压否定自己，而无限夸大困难和痛苦！你是可以挺过来的。请审视一下在痛苦中的你自己，他是多么坚强，多么值得信赖，多么应该受到奖赏……"

我温和地看着他，就像在欣赏一幅绝美的生命画卷，不由自主地轻轻诉说着他该得到的赞赏。

他哭了，由流泪到啜泣，直到呜呜地哭出声来。

似乎是被感染，又似乎是撕开了自己最后一道防线，长期以来由痛苦、烦恼、纠结、压抑凝固起来的坚实壁垒突然崩塌，于是，一切涣然冰释。

他的哭声和着我的话语，是一曲多么美妙和谐的交响乐啊！停留在这和谐里，生命的力量将会自然而然地滋生。

————《你是你自己的救主》

大音希声，大象无形。改变人心是一种无声无形的革命，也是学生在教师的诱导之下自我生命顿悟的过程。西方格式塔派心理学家指出，人类解决问题的过程就是顿悟。而自我生命的更新和飞跃，也是一个顿悟的过程。本书中还有不少类似的实例，当你阅读的时候，相信你会和文中的咨询者一样，受到一次思想的引领、一次智慧的启迪，经历一次自我生命能量的爆炸——释放，一次人生的瞬间顿悟。

（四）

本书之奇，更在文中有"我"，有一个独特的"自我"形象在。

文如其人，书如其人。优秀的作品不管写的是什么，都是作者生命的结晶，所以读者都能从中感受到作者血液的涌动、心灵的跳动，都能若明若暗地看到作者的影子在、形象在。其形象的高度，决定了作品的高度；其形象的重量，决定了作品的重量。如果没有作者生命的投入，不管写的是什么，都会成为无心之作。既然无心，自然也就不会有感染力，也就没有多少价值可言。而本书的可贵之处恰恰在于作者以生命的投入，于无意之中完成了自我形象的塑造。

本书所收录的都是李百芹做过的教育案例。虽为案例，但在作者笔下，都被注入了生命的能量，从而在我们面前展现出了一幅幅生命的画卷，而在这一幅幅生命的画卷中，让人印象最为深刻的，则是作为心理教师的李百芹的形象的美丽呈现：

> 尼采说："每一个不曾起舞的日子都是对生命的辜负。"所以，凡是生活赐予的，一切都是美好的，一切都值得珍惜，就看你怎么想。没必要因为自己的想法，让自己产生不愉快。
>
> 随手翻几页书，在清茶的香气中任思绪漫舞，品读人生，心中阵阵清爽，微笑洋溢在脸上，感觉周围一切的美好皆由心中生起。
>
> ……
>
> 她飞奔而去。
>
> 屋子里恢复了宁静。
>
> 茶水飘香，我迅速写下两句话：

——不会为别人着想，伤害到的往往是自己。

——世事纷杂，美好与烦恼就看你怎么想，很多事情，换个角度即精彩。

读书，品茶，谈人生。

又是一个起舞的日子！

——《换个角度即精彩》

这是一个多么美好的生命！阳光，知性，爽丽，通透，优雅，这样的心理教师让人一见就会产生一种信赖感和亲和感。怪不得她的心理咨询室会被学生称为"哭着进去，笑着出来"的地方。每当她上课走进教室，学生都会鼓掌欢迎，而当下课走出教室时，学生都会起立鼓掌欢送。

李百芹说，她小时候没人说她漂亮，但都说她清秀、受看；中学时就是学校女子篮球队的队长，是"铿锵玫瑰"。我曾经调侃她说："你个子并不高啊，怎么能当篮球队长呢？"她颇为自豪地说："我灵活啊！"

练瑜伽，喜欢静坐、游泳。

"水可以清心。当我把自己抛入水中的时候，一切的烦乱就都不存在了。"所以，她下班之后经常做的第一件事就是游泳。

特别能读书。她把读书称为"与智者对话"。学生时代喜欢背诗词歌赋，后来又喜欢上了哲学。庄子、老子、苏格拉底、柏拉图、康德、尼采等中外著名哲学家的思想与著作，她无不涉猎。不和她实际接触的人很难相信一个女教师会对哲学感兴趣，会对这些连高校中的博导们都不见得真正读过的东西感兴趣。而她，不但读得津津有味，而且都有自己的心得。

我问她，为什么会喜欢哲学，要知道，哲学和女性是无缘的。她说："我是天生的。很小的时候就经常思考，我是谁？而且百思不得其解，就跑到田野里去问天。""康德的'三大批判'是当作调料来看的，想进入一种宁静的时候，就去读读。"

但她并不是一个理性主义者。她经常引用爱因斯坦的一句话："我的每一项发现都不是通过理性思考获得的，不，是通过进入一种觉知和意识，而不是通过低级白痴的理性思考。"

"我既喜欢哲理的玄妙，也喜欢诗意的美妙。"她说。

所以，李百芹的阳光、知性、爽丽、优雅，既是其天然的本真，也是其后天的修为。在她身上，我们看到的是理性和诗性的完美结合，而这，也正是我们从文中看到和感觉到的"其人"的形象。

李百芹常常以心理咨询师自居，而我并不赞同她对自己的这种定位。我告诉她说，你千万不要小看了自己。你不仅仅是心理咨询师，而且是心灵导师，是教育家，因为你做的事情只有心灵导师才能做得到，也只有教育家才能做到。

在《我为什么活着》一文中，她讲述了这样一个故事：一个大学毕业的女生，从小到大在经受了生活的一系列打击之后，精神濒临崩溃，陷入了"我为什么活着"的绝望中。面对这样一位女生，她并没有像救世主一样进行说教，而只是默默地陪伴她，和颜悦色地听她诉说。当女生倾诉完之后，沉默了一会儿，她才以一个第三者的客观立场平心静气地对女孩说："现在，我们来一起看看那个'你自己'，好吗？一个小姑娘，三岁就没有了妈妈，跟着奶奶长大。要听严厉的爸爸话，要不断讨好周围的人，后来又要接纳一个新妈妈，还得谦让一个陌生的弟弟；在新家里，只有爸爸是至亲。这一切，对一个小女孩来说，该是多么大的委屈！但是，这个小女孩的学习成绩一直很好，似乎从来没受家庭所影响。"

当她气定神闲地说完这些之后，让人意想不到的一幕突然出现了：

她抬起头，带着疑惑又充满惊奇地看着我，似乎从来没想过自己经历了那么多，又似乎从来没想过自己原来一直很优秀。

"你是怎么做到的？"没等她说话，我又紧接着问。

"我一直不放弃学习，并且很努力，是因为我心中有一个信念，就是我一定要活出个人样来，不要让人看不起。所以，我想考个好大学，读研，读博，直到拿到最高学历。"

她两眼放光，狠狠地说。

"然后呢？"

"没有然后，我就想活出个人样！然后……好好照顾我的奶奶，让唯一疼我的奶奶过上幸福的日子，否则，我不会心安。将来，等我有钱了，就去做慈善，让那些像我一样可怜的孩子们都得到温暖。"

说着，她脸上紧绷的表情开始松动，微微闪过一丝笑容。

我看着她，笑了，说："你不是一直有目标吗？而且，你的目标很伟大啊，不是吗？"

她先是一愣，接着也笑了，说："是啊，原来我一直有目标，而且一直都在奔着这个目标朝前走！那么多年，那么多琐事都过来了，我还有必要在乎今天别人的唠叨吗？他们说他们的吧，也许他们是看着我这个样子着急呢……其实，这些年，我也把他们气得够呛。"

说到这里，她有些羞赧，但越说越轻松，越说越有力量。她的脸上渐渐地泛起了红晕，一双大眼睛也忽闪忽闪，有了灵光。

"那么，你自己说说，你为什么活着？"

我冲她挑逗地笑了笑，起身倒了两杯茶。

"老师，听你这么一说，我才发现，这些年走过来，我还是很了不起的。这大概是因为我早已有了坚定的信念吧！所以我不能辜负我自己，我要为我的信念继续活下去，而且要活得更精彩。"

她端起茶杯，看着茶水缥缈的雾气，少女的笑容顿时温暖了整个屋子。

——《我为什么活着》

就这样，一个濒临死亡边缘的生命在不动声色之间得救了、更生了。

李百芹说，好的心理老师首先应该发现和启动生命自身的能量。其实，岂止是心理教师，一切从教者和为人父母者也都应当充分认识并做到这一点。能否做到这一点，是区别一般心理咨询师和心灵导师、教育家的重要标志。我说李百芹是心灵导师，是教育家，也首先是因为她近乎完美地做到了这一点。这叫"不教之教"。不要低估了这一教育思想的价值。在人类教育史上，"不教之教"的思想历来为重量级的教育大家所推崇，并力行之。在国外，特别是以古希腊文明为源头的欧美文化中，一直存在着不教之教的思想源流。苏格拉底提出"产婆术"的教育方式，认为"教育并不是把知识传授给学生，而是帮助学生自己把知识接生下来"。柏拉图在《美诺篇》讲苏格拉底对美诺的教育,不是用教的方法,而是通过启发令其自己说出正确的答案,这就是一种不教之教的实践。在中国,老子和庄子将不言之教推崇为圣人之教:"圣人处无为之事,行不言之教"(《道德经》第二章);"夫知者不言,言者不知,故圣人行不言之教"(《庄子·外篇·知北游》)。从孔子开始,几千年来,以教育安身立命的儒家所推动的教育,其最高目标也都是为了从心灵深处转化学生自我的生命。孟子认为,教育的目的就是唤醒自我的生命,建立自我的主体性,使自己成为顶天立地的大丈夫;王阳明则强调,教育就是让学习者回归其本然之善,使学习者生命中潜在的美与善在诱导之下生发、舒展,并且开花结果。可喜的是,从李百芹身上,我们看到了这一教育精神的精彩再现,她也因此赢得了"女神"的美誉。

这是一种人生境界、教育境界,同时也是一种人生智慧、教育智慧。没有对人的博爱之心、平等之心和尊重之心,就不会有这样的境界;达不到这样的境界,也就不会有这样的智慧。德之不修,行之不远。从李百芹所取得的心理教育成就中,我们可以深刻地感受到她的与生命同在的爱心和慧心,看到爱心和慧心所释放出的巨大的教育能量。

一位女教师,能够达到这样的高度和厚度,能够把事业做得如此精彩,能够以事业增色个人魅力,同时以个人魅力增色事业,值了。

(作者为《山东教育》原主编,北京华樾教育特聘专家)

扫码听本集
（请先扫目录页总码）

01

——点亮生命的精彩

一个人若是漫不经心地变老，而未能看到自己将身体和力量与美发展到极致之后可能成为的样子，那是一种耻辱。

——苏格拉底

心理课在许多学校是边缘学科，但令人欣慰的是，我的心理课却越来越受欢迎。孩子们像盼望过年一样，盼望着我的课。在教学楼里一看到我的身影，孩子们便奔走相告，争相抢着问："老师，你要去哪个班？"轮不上我的课的孩子会很失望，或者直接大声喊："老师，我们好久没上你的课了！"——哪怕他们上周刚刚上过。得知我要上课的孩子，便飞也似的跑回教室通风报信。

当我走到教室门口的时候，孩子们已早早坐好，探头探脑地张望着，压抑不住的兴奋，感觉好像一点就着。一进教室，他们就全体起立，大声喊：老——师——好！洪亮的声音里带着甜甜的笑，热情扑面而来，一眼望去，一双双水汪汪的眼睛忽闪忽闪透出渴求和期待。我感动于用心灵陪伴心灵。每一节课，仅有的 45 分钟，说出来的从来不是干巴巴的知识，而是饱含浓浓爱意的滋养。正如德国哲学家雅思贝尔斯所说："教育的本质就是一棵树摇动另一棵树，一朵云推动另一朵云，一个灵魂召唤另一个灵魂。"

每次下课铃响，意犹未尽的孩子们从来不会忘记送上热烈欢送的掌声，我总是在欣慰和幸福中走出教室，然后，被一群追出来的孩子叽叽喳喳簇拥着回到办公室。

从办公楼到教室，去时，有笑语相迎；回来时，有身影相送。这是一条铺满幸福的路。

很多人会说，上心理课没有压力，所以孩子们特别喜欢。其实，被喜欢的真正原因只有我和孩子们知道。

这节心理课的主题还是我一直提倡的：快乐学习，享受高考。

记得我第一次提出这个说法的时候，孩子们都笑了。其中有个男生故意哈哈大笑。这在一般人看来纯属挑衅，但我，在孩子们一阵哄笑之后，也微微笑了。我知道我说的这些，开始时孩子们是不会相信的，这大笑就是对我观点的公然反对。他们甚至觉得我的观点太天真、太荒唐、太可笑、太不切实际。也难怪，在他们的感受中，上学的确没有美感，更不是什么享受；每天都在被填鸭、被催促、被唠叨，哪来的快乐可言！不厌学就算是好的了！而他们之所以如此坚定地抱持这样的观点，除了他们的亲身感受，还有来自家长和老师的理论支持。很多家长和老师常有的论调就是：学习哪有快乐的，不苦不累怎么能学好！在孩子的心目中，上学和痛苦是连在一起的。所以，本来阳光灿烂的生命，一上了学就蔫儿了。

但我欣喜地发现，上过我的两节心理课后，今天，当我再次提出这个主题的时候，孩子们没有笑，反而是很期待地看着我，渴求的眼神传递出的是很想知道如何才能真正快乐学习。我很欣慰，因为通过两节课的感悟和体验，他们信了，相信学习是可以快乐的。这份相信已经为他们打开了快乐学习的大门。此时，他们的反应也让我更加坚信：我的心理课能调动他们自身的能量，让他们找到学习的快乐，能引导他们除了做好知识储备之外，更能做好身心各方面的充分准备，去享受高考——这人生的第一次挑战。

我的坚信是有底气的。一是，人，作为高级动物，学习是本能，探索未知是天性。这是毋庸置疑的！让孩子们快乐学习不是改变，不是创造，而是恢复学习本来的样子。二是，十几年的探索和实践，我手里已经有几十个通过引导快乐学习的孩子，他们是支持我观点的活生生的论据。

课堂依旧是以解决学习生活中的实际问题为主。按照惯例，孩子们先说出问题，然后我们来共同分析解决。我微微笑着扫视了一眼全体同学，接着就有孩子心领神会，抢着站起来说：

"老师，我觉得自己最近学习没有动力，每天都在学，但是不知道到底要学些什么。老师让做的题目都做完了，然后就不知道该干什么了。"

这是一个高高的男孩子。

接下来发言的是一个略带忧郁的女孩。

"老师，昨天语文老师让我回答问题，我没回答出来，语文老师批评了我，说我不用功。要在平时，这也没什么，我不会很在意的。可是昨天，我受不了了，突然完全崩溃。下课了，我还站了很久，觉得自己很无能。明明很用功了，天天在学习，可是老师还这样说我，我不知道自己到底在学些什么。第二节课上生物，我哭了一节课。老师，我觉得很无力，不知道自己到底为什么突然崩溃了。"

说着，她又哭了。

我走到她身边，微微点头示意她先坐下。

第三个发言的是一个看上去很斯文的男孩，先称他为小 P 吧。

"老师，我最近很暴躁，不知道为什么总想发火。上午第三节课，有一道数学题，我想了很久，怎么也解不出来，当时就愤怒了，把数学试卷撕碎了。嗨，天天有做不完的试卷，又有那么多不会的题，那种感觉很无力……"

"老师，我不像小 P 刚才说的，我是连愤怒的力量也没有了。以前做不出题来，我也会很着急，但如果做出一道难题，就特别兴奋，感觉很有成就感。可是，现在无论做完多少题目，都不兴奋，感觉做出来做不出来都一样，无所谓。反正起床就来教室，晚上下课就回宿舍，不断重复，像个机器。我不知道我以前的活力哪里去了。"坐在第二排的一名女生抢着说，最后边说边流泪。在她说的时候，我看到不少同学点头附和。

"老师，最近上课我总是打盹儿，尤其看到别的同学趴在桌子上，就更困了。"

……

也许是被同学的眼泪打动了，也许是站起来的同学正好说出了自己的心声，这节课，孩子们都很坦诚、很敞开，说出的问题都来自内心深处，也的确是正在困扰着他们的。

一小会儿的沉默等待，没有孩子再站起来。教室里出奇地安静，一双双眼睛望着我。我似乎看到了茫茫的大海上，一双双伸出水面呼喊救命的小手。

他们的各种诉说和眼泪告诉我，这是一群需要目标和方向的孩子。

我说："来，深呼吸。"

随着孩子们长长的呼气，刚才的压抑消散了许多，孩子们不再僵直地坐着，整个教室恢复了活力。

"好，现在跟着我的语言想象一个场景：在一个圆形跑道上，发令枪响了，你被告知要快跑，并且还要采摘沿路的果实，到一个终点，在那里，用你采到的果实建造一座胜利的小山，你可以在那里尽情享受。你非常向往那座果实之山。你开始跑了，浑身充满力量，拼命地边跑边采摘果子。现在，请你感受这份力量。"

这时，孩子们面带微笑，眼睛放光，充满力量。

"可是——"我放低了声音，缓慢地说，"没有人告诉你要跑几圈，你也不知道最后的果实之山要用多少果子。你跑啊跑，跑啊跑……"我慢慢地重复着，"现在，请你体验这种感觉——"

笑容渐渐消失，很多孩子像泄了气的皮球，"老师，到底要跑到哪里啊？"……

"感觉怎么样？"我问。

"不——怎——么——样。"孩子们拖着长音有气无力地回答。

"你不觉得这种感觉就是刚才同学说的那种无力的状态吗？"

迟疑了一下，孩子们会心地笑了。

"没有具体的目标和方向，不知道自己到底要走到哪里，只是模模糊糊地被赶着往前走，这很容易消耗掉开始时的激情，而激情一旦不在，人就会陷入疲惫和无聊之中。"

我慢慢地顺着他们的感受引导着，他们或点头或微笑。

"同学们想一想，还是在那条跑道上，怎么才能重新找回力量？"

"首先得知道要跑多少圈。"几乎是异口同声地回答。

"还要知道终点在哪里。"有个男孩子大声说。

"还要知道用多少果子，到底要采多少好。"几个女生的声音。

"最好有人在旁边陪着一起跑。"一个胖乎乎的男孩儿说出这句话，大家都笑了。

……

同学们七嘴八舌地说着，我只是赞许地点头。

说得差不多了，我说："刚才跑步的情景就是我们现在学习的情景。高一刚开始时，你只是被告知要好好学习，考个好大学。但，你对于要学习的东西没有一个整体的认知，也没有具体的规划。你很被动地被赶着学习，所以很容易陷入无力的状态。"

孩子们轻声答应着。

"那么，现在，我们该怎么做才会让自己充满力量呢？"

一时沉默了。

我知道他们在思考，有思考就够了。我相信孩子们是聪明的，他们都能找到适合自己的具体方法。

停了一会儿，我轻轻拍着讲桌说："木匠要做出一张桌子，他心中该先有什么？科学家要造飞船，他们心中该先有什么？妈妈要做一桌子菜，她心中该先有什么？"

不用谁来回答，孩子们的笑脸告诉我，他们知道：要创造，心中就应该先有要创造出的东西的模样。木匠心中该先有桌子的样子，科学家心中该先有要造的飞船的样子，妈妈心中该先有要做的菜的样子。

"凡是创造，都需要二度加工，也就是心中先有那个东西，然后照着心中的样子创造它。如果心中没有，就没办法造出来。正如木匠不知道桌子是方的、圆的，还是长的，也不知道是木的、铁的，还是钢的，他是没有办法造出这个放在这里正好的讲桌的。那么，我们人，要成为什么样的人，不也应该心中先有个样子吗？

"苏格拉底说：一个人若是漫不经心地变老，而未能看到自己将身体和力量与美发展到极致之后可能成为的样子，那是一种耻辱。

"为了能成为我们可以成为的人，我们心中首先，而且必须要有个该成为的样子。"

教室里鸦雀无声，孩子们微锁眉头，只有我的话语和着孩子们的思考在轻轻地滋润心田。

接下来，我再一次让他们思考第一节课就提出的命题：我要成为什么样的人？并顺势引导：要成为这样的人，你需要学习什么？需要有多少知识储备？要储备这些知识，现在需要怎样学习？

"最后，老师告诉你们一个增加动力的小方法，那就是寻找榜样。从生活中或者阅读中找出自己崇拜的人作为榜样，让他们时刻陪伴在你的生活中，看看他们值得你学习的地方，并不断努力向他们学习。相信这会让你产生无穷的力量！"

下课铃又一次唤醒了一片掌声，我从洒满阳光的教室里轻轻离开。

迎面花香扑鼻，早春的校园生机蓬勃，被点燃的生命无限精彩！

扫码听本集

02

世界和我，到底谁错了

人需要悦纳自我，但与悦纳自我同样重要的是，也要悦纳他人，这样你才能活在阳光里。

正在咨询室里欣赏昨天讲座的报道和图片，我再一次被照片中上台要求签名的孩子们感动着。这些十五六岁的孩子的确就像早上八九点钟的太阳，脸上的笑容书写着对未来美好的憧憬，让人不禁回到了自己的中学时代。

也许是对孩子们的喜爱，也许是被自己主讲的这个"男儿当自强，花开贵有时——青春期异性交往主题讲座"的效果所陶醉，这一刻，心里美美的。心想，在孩子们人生的关键时期，能给他们送上一点阳光，实在是一件美好的事情。

正陶醉着，突然，门开了，走进来一名男生。我愣了一下，见他三步并作两步走过来，一只手里拿着个作业本，一只手紧紧攥着，还没等我说话，就在我办公桌旁边的凳子上坐下了。

"你是——"

"老师，我是昨天刚听完您讲座的高二学生，我想问个问题。"他说话的声音很急促，看上去很慌，"其实，我有很多问题想问。"

他一边说着，一边把打开的本子放到办公桌上。

我一眼看去——嚯，好家伙，密密麻麻写满了整张纸！而且他的左手还紧紧攥着一张纸条。

"老师，我要回家，实在受不了了！回家之前，先来你这里了。

昨天听了你的讲座，才决定要来的，我知道你能解决我的问题。"

他用手擦了擦鼻翼，不知道是汗水还是什么，身子没坐直，晃了晃，好像很不自在，慌慌张张地抢着说起来，似乎只有不停地说话，才能让自己平静。他一直不敢抬头正眼看我，尽管我已经完全进入状态，十分温和地微笑着望着他。

看得出，他可能是真的撑不住了。

到咨询室来咨询的学生，经常有痛苦得实在无法忍受，从教室跑出来的。他们的表现各有不同。最常见的是，一坐下来，开口说话便哭；有的只是掩面流泪，有的却是泣不成声，还有的伴着眼泪唉声叹气，好长时间说不出话来。而此刻的他，可能是慌乱、紧张、焦急，还有好大程度的压抑，所以从坐下的那一刻，就一直在说话；也一直扭曲着脸，是想哭的表情。但是，他没有流泪，虽然眼圈红了几次。应该是男儿有泪不轻弹吧，或许是我的安静、温和也起到了抚慰的作用。

"我在教室里实在受不了了，一刻钟也坐不住了，再坐下去，我就要爆炸了。我感觉，我快要疯了。"

面对他极其不平静的情绪，我只是安静地陪伴着，让他尽情地诉说。

"我看谁都不顺眼，在班里没有一个朋友。我非常讨厌他们每一个人。上初中的时候，我的人缘很好，朋友很多。但是现在，老师讲课，我完全听不进去。"

他抬头看了看我，苦笑了一下，接着说："老师，我完全听不进去，你明白吗？那种感觉太难受了！老师的话进到我耳朵里，马上一个字一个字地弹出来，你明白吗？老师！"

"我的成绩非常糟糕，呈跳跃式的。开学的时候考了第 8 名，月考考了 27 名，我觉得太对不起父母了，就努力学习，又考了 11 名。这次刚考试结束，估计又要考 30 名了。努力学习，但是学不下去，一点也学不进去，那种感觉你理解吗，老师？"

他边说边用胳膊使劲摁桌子，一副非常痛苦的样子。

"我们班主任管得很严，严得没有一个人敢说话，包括在下课时。那哪是下课啊！我想说说话，可是，教室里静得让人窒息。我感觉自己快要疯了，真想大喊大叫，或者把窗户砸碎了！可是，班主任太严了，只要在教室里，谁都不敢说话！我只能使劲咽口水。那种感觉，嗨，真想死了算了！"

稍稍停了一会儿，他又接着说："班主任那天在班里批评了几个说话的学生，还说：'谁再说话就赶紧出去！多一个不多，少一个不少！'我感觉是在说我……我活着就是给别人添麻烦的。刚上高一的时候，我的数学很好，老师让我爬黑板做题——也许是为了炫耀吧，我用了自己想出来的方法。结果，老师不但没表扬我，还说我是另类，对，'另类'！就是这个词！当时，我听到有些同学在笑，那笑声，直到现在想起来，还让我浑身发麻。当时我真恨不得钻进地缝里！我怎么就不对了呢？我想了很久，很久。到底是谁错了呢？……从那以后，在班里，我的观点就经常和别的同学不一样。现在，全宿舍里我就是个'另类'，他们看问题的角度都和我不一样！到底是谁错了？我活着真是多余！"

他的声音变得低沉，还有些沙哑，泪水已经在眼眶里打转儿。

"初二的时候，我喜欢上了一个女生，一见钟情。老师，你相信一见钟情吗？"他抬起头看着我，渴求的眼神似乎是在寻找认同。

我微微笑着，点了点头，说："你继续说吧。"

　　"来到高中，没想到我们又一个班。我成了她的蓝颜知己，我就一直很开心地陪着她。可是后来，她和另一个男孩谈上了。当我知道的时候，那种感觉，恶心得想吐。想吐啊！到现在，我都清晰地记得那种感觉。我于是把自己藏起来。我这样做对吗？到底是谁错了呢？

　　"向女孩表白遭拒，我说这事很尴尬。可是，我问了全宿舍的人，他们都说没什么尴尬的。到底是谁错了呢？

　　"买饭插队，我认为不对，有些同学也觉得不对。可是，当我问他们的时候，他们却说无所谓，说我问的这个问题太单纯了！我就不明白了，到底是谁错了呢？"

　　他乱七八糟、毫无逻辑、东一句西一句地说着，但始终不变的就是一直在问：到底是谁错了呢？到底是谁错了呢？一边说着，还时不时地用手去捂住胸口。

　　我能强烈地感受到他的烦躁和压抑。

　　看来，这是一个陷入求证中的孩子。他已经被自己设计的问题纠缠得无法自拔，就像陷进了沼泽，越是努力挣扎，就陷得越深。而他的问题又像一团乱麻，越撕扯就越乱。可是，他仍然在不停地制造问题，并不停地努力撕扯。今天来到这里，也无非是想寻求他那一大堆问题的答案。他认为，找到了答案，就不会如此痛苦了。

　　透过纷乱的现象，我已经看到了问题的所在。

　　其实，他真想求证的并不是这些看起来"的确"让人困惑的问题，而是他的自尊。是那次数学课上，老师不经意的评判以及同学有意无意的笑严重伤害了他。老师当时也许仅仅是为了避免一些不必要的纠缠，才要求统一解法。但是，令人遗憾的是，那一刻，老师没有读懂一个孩子想表现自我的愿望。

来自权威的随意的不恰当的断语，如果出现在碰巧的时刻，就会造成心理事故，严重伤害一颗敏感的心。再加上同学的嘲笑，他的自尊更会深深受挫。于是，他努力寻找机会证明自己。他开始用警觉的心态面对周围，用挑衅的眼光看待世界，不断地观察、寻找自己与别人的不同，想从这不同中证明自己是对的。可是，吹毛求疵地比较只能带来别人对他的不屑，而任何轻视和不屑对他都会是二次伤害。就这样，他在不断的求证和不断的伤害中，一点一点降低着自己的自尊和自我价值，直到失去了"自我"这个中心，完全没有了自我。

所有的精力都用到周围的人和事上，每天越想越多，感觉看谁都不顺眼，整个世界都在和自己作对……这种高度紧张的战斗状态，导致他最后无限疲惫，却又得不到外界的任何支持，于是，攻击的矛头便开始转向自己，怀疑自己就是个"另类"，但又坚决不想承认这个结果。就这样，生命的能量在这种疯狂的拉锯战中不断消耗……

他真的是撑不住了。

当他把整张纸上记录的问题都说完，我笑了。

他很疑惑地看了看我，说："老师，你说到底是谁错了？我记得一句话是这样说的：如果你认为整个世界错了，那么就是你错了。现在应该是我错了吧？"

"你真想知道这些问题的答案吗？"

"是的。"

"如果知道这些答案了，还会有问题吗？"

"还会有。因为不断有事情要处理，他们总和我不一样。"

"那你到底想证明什么呢？是想证明他们不对呢，还是想证明你对呢？"

沉默了一些时候，他眼圈红了，说道："难道，我只是想证明我是对的，我不是另类？"

他真是个聪明的孩子，一下子就点到了问题的核心上。

是的，他要证明他是对的，他不是"另类"。他要找回受挫的自尊。但是，却一直没有澄清的机会，结果，求证心切的他掉进了错误认知的陷阱里，认为只有别人都是错的，自己才是对的，而自己又得不到任何支持，因而又开始怀疑自己，从此纠缠不清，越陷越深。

"处理问题的方法可以是多样的，并不是非对即错。你对了，别人也可以是对的，你觉得呢？"

有时候，只需一句话就能解开心锁。

他沉默了，两行眼泪滚滚而下。

泪水开始融化他全身的刺，开始卸掉他全身披挂的战斗盔甲，让他开始收起警觉挑衅的目光，从而接纳别人的不同。渐渐地，生命的能量开始重新回到了自我，集中在做好自己上。

《道德经》云："坚强者死之徒，柔弱者生之徒。"

接下来，我又适时做了些引导，告诉他，人需要悦纳自我，但与悦纳自我同样重要的是，也要悦纳他人，这样你才能活在阳光里……他默默地听着，不时地点着头。最后他说，现在自己浑身轻松了，不再恶心，胸口也不再堵着了，喘气也舒畅了，并决定回教室学习，不再请假回家。

他的问题还没有真正解决，也许还需要多次咨询。但是，当他对我笑了笑，轻松离开，说"不回家了，去教室学习"的时候，我又体会到了舒心喜悦。因为，我又看到了一个受困的灵魂开始驱散雾霾，重新沐浴到了久违的阳光。

扫码听本集

03

——

高考，到底是谁的事

你的"关心"是否给孩子制造了更多的困扰？你到底是在帮孩子，还是在转移自己的焦虑？

高三模拟考试刚结束，放假一天。

看到孩子们像小鸟出笼，真替他们高兴。备战高考，整天紧张忙碌，终于可以放个假歇歇啦……

正想着，已到校门口。

一幅画面出现了。

一位年轻漂亮的妈妈来接孩子，只见她先拿过孩子的书包看了看，又说了些什么。小女孩儿似乎一下子发怒了，停下脚步冲着妈妈大喊了几句，摔门上了红色小车……

这一幕，对我来说并不陌生，而且我也知道接下来大概会发生什么，因为来咨询的妈妈们经常会说到类似的情景。

我禁不住笑了。

高考不停，亲子的战斗不止，历史总在不断地重复上演。

去年，也是这个时候，二轮模拟考试刚结束，孩子们放假休息。也是在这个门口，优优（化名）的妈妈来接优优回家。结果母女俩一见面就吵了起来，而且吵得特别凶。不同的是，当时优优并没有上妈妈的车，而是一甩手自己走人了。妈妈特别着急，慌忙打电话给我，问我该怎么办。

原来，优优妈一见到优优，看到她没带书，就着急地问："书呢？

放一天半假，怎么连书都不带回家？这就要高考了，你还有多少时间学习？"优优一听就火了，嚷道："学习，学习，你就知道让我学习！好不容易放个假，我就是不带书回家又咋了！"战争由此而起，最后孩子连车也没上，自己步行到了奶奶家。

后来，优优妈告诉我，当时刚考完试，优优觉得自己发挥得很不理想，正生闷气呢！并打算好了，高考前利用这次放假充分休息，调整一下状态，所以干脆没带书回来。没想到自己根本不懂孩子的心思，只知道快要高考了，恨不得孩子一刻不闲地学习。所以一看到孩子没带书，就急了，忍不住说了几句。

"我也没多说啊，不就是问了几句吗，她就火了，而且那么凶，好像我欠她似的，这像个孩子样吗？"

母亲关心孩子，孩子却不买账，这样的"冤大头妈妈"还真不少，估计刚才那位也是。

关心孩子没有错，关键是这个关心要对孩子的心思。当你不懂孩子心思的时候，你的关心可能适得其反，把孩子惹火，就像点燃了炸药。这时，如果父母明白，立刻打住，孩子也许发发火就算了。但是，多数父母一看孩子发脾气，自己也会火冒三丈："高考，到底是谁的事啊？是你高考又不是我，我催促你一下有错吗？看你这个样子，你能对父母这样说话吗？"于是，战争进而升级，双方越说越来气，孩子的情绪也就越来越坏。

但是，聪明的你会发现，这完全是一场不对路的战争，或者说，矛盾根本不在一个点上。孩子发脾气，不过是因为父母不看火候点燃了自己的愤怒，是父母自找的，于是拿父母当出气筒。可是，父母呢，愤怒则来自孩子的态度。想想自己没做错什么啊，都是为了孩子好，孩子凭什么这么对我啊！我能不委屈吗？

优优妈觉得委屈得不行了，于是来找我咨询。

去年三月份，她第一次来咨询室的时候，哭得稀里哗啦，因为优优总是不听她的话，还经常反驳她、顶撞她。后来，她都不敢多说话，一说，母女俩就会吵起来。

"我已经打听了很多人，人家都说，最好是把孩子的经期调一下，避开高考那几天。我咨询了很多医生，都说最好的方法就是吃一种药，提前一个多月吃。可我一和她说，她就发火了，说自己不想吃那种药。这不，今天早上为这件事她又火了，饭也没吃，就上学去了。还说我净给她添堵。我又不是逼着她非吃不行，而是让她自己拿主意。她也不反对，也不同意，好像是不吃吧，又怕到时候来月经；吃吧，又不想接受药的副作用。可我一说她就火。我怎么生了这么个闺女，真是欠她的。"她边说边擦泪。

"你让她避开月经的原因是什么？"

"是为了不影响她考试，让她正常发挥。"

"从一月份开始，你们就为这件事经常吵架，是吗？"

她沉默了一会儿，擦干眼泪说："是啊，吵架就是由这件事引起的。我是着急，希望她快做决定，吃就吃，不吃就不吃。"

"那你觉得，是几个月来一直为这件事争吵，弄得孩子陷入两难选择、心情不好给她造成的不良影响大呢，还是顺其自然，高考时来了月经对她的影响大？"

她沉默了。

"是啊！孩子来月经也没什么太不舒服的反应，我这是着急啥呢！但是听人家都这么说……结果为这事争吵了两三个月。我真是昏了头了。"

她很快意识到了自己的错误，非常后悔。后悔自己执着地逼迫孩子做决定，却忘了从孩子自身的具体情况考虑；更后悔自己的催促和逼迫给孩子带来了更大的心理困扰。

你看，真正影响孩子的，竟然是她对来月经这件事的处理方法，而不是孩子可能会来月经这件事本身。还好，她的认识很快转变。

我又给她说了一些方法，帮助她尽快消除这件事对孩子的影响。

这件事很快就过去了。后来，她多次开心地打电话给我，说："我按照你说的方式跟孩子交流，女儿可高兴了，说我不逼着她吃药，就没有压力了，浑身轻松了很多，学习效率也高了。回家的时候，还经常哼个小曲。"

可是，她的开心并没坚持多久，离高考还有一个月的时候，她又来了。

那是一个下午，我出门送一位来咨询的家长，见她在楼道里站着，哭丧着脸，无精打采的。等我一回来，她就一屁股瘫坐到沙发上，说："李老师，完了，怎么办呀？"

"又发生了什么呢？"

"我去给闺女算了一卦，人家直接说，她今年的运气很不好！高考会不利，最好的结果也就是压线。

"我已经三天三夜没睡觉了。这个孩子很要强，看她现在的成绩，考上本科是没问题的，她自己也这样认为。我现在就怕到时候真的考不上，她受不了。于是我努力让自己镇静，不让她看出来，装着鼓励她。可是我发现，最近她好像干劲儿没那么大了，经常很疲惫的样子。我真担心啊！

"我想租个房子过来陪读，可她死活不同意。我觉得那样可以更好地照顾她，让她只管集中精力学习就行。陪着她，我心里也踏实。你说呢?"

"陪读这件事你们商量多久了?"

"大约三个礼拜了。算完卦我就和她说了，可是她坚决不同意，说住宿舍就很好，不愿意突然改变环境。"

"那你过来陪读到底能解决什么? 是让她舒服呢，还是你自己心里踏实?"

她再一次沉默。

因为算卦，决定陪读。那次，我毫不客气地批评她做了一件愚蠢的事情。相信算卦而怀疑孩子，真是一个要命的消极暗示，如果让孩子知道了算卦的结果，几乎可以确定，高考将不战而败。我告诉她，要多去了解自己的孩子，观察自己的孩子，不要盲目关心，胡乱着急，以至于帮倒忙。

她同意了。

我又花了很长时间来消除算卦给她的消极影响。渐渐地，她平静了，女儿也平静地准备着高考。

高考的前两天，她打来电话，问要不要来陪考。这次她没有根据自己的意愿盲目做决定。我让她跟女儿商量一下，如果孩子愿意，就来;如果不愿意，就没必要来。结果女儿不同意，她也欣然地接受了，在家静等。

高考前一天，她又来电话了:"明天就考试了，我想过去看看优优。"

"她同意吗?"

"我没和她说，估计她不同意。"

"那你还来啊？"

最后，她决定不来了。

高考如期进行，一切相安无事。

第二天下午考数学，那年的题目有些难，孩子们都经受了一次沉重的打击。有哭的，有不吃饭的，也有睡不好觉的。我特意观察了一下优优，她还好，虽然发挥得也不太理想，但心态调整得很好，情绪基本正常。

第三天一大早，她又打电话来了，说："我还是想过去看看优优。"

我同样问："优优同意吗？"

她说："我没和她说，不管了。听说昨天下午数学题很难，很多孩子都哭了，我不放心。再说，在家里，我也坐不住，从昨天开始，我就请假没上班。但是，电视、报纸都看不进去，就绕着沙发走，一圈又一圈。"

我什么也没说，笑了。

"我只是去看看她，给她送点莲子粥，哪怕只看她一眼，我就放心了。这样在家待着，我真受不了了。"

她打电话的时候，其实已经在路上了，半个小时的车程，早饭后就能来到。我去宿舍找到了优优，告诉她妈妈来了，她看上去很吃惊，有点气愤，又很无奈，说："来就来吧。"

我和优优班主任打了个招呼，带优优去门口见她妈妈。

嗨，那个情景，比今天这娘儿俩轰动多了，真是没法忘记。

优优妈满脸急切地快步走过来，手里还提着个小桶。本来很平静的优优突然扑在妈妈怀里大哭，接着娘儿俩又抱在一起大哭。

我愣了一下。天哪！马上要进考场啦，这情绪！真是又给我出了难题。等她们稍微平静些，我抓紧跟优优交流了十几分钟，还好，她比较兴奋地走进了考场。

那年，优优成绩高出重点线 29 分，去了南方某大学。

开学前，妈妈带她来表达感谢。我笑了，她妈妈也笑了。优优很好奇地看着我俩。

妈妈说："优优，如果没有李老师，你恐怕没有今天的成绩，或许早被妈妈毁了。"然后，妈妈把发生的一系列事情详细地说给她听。

优优说："老师，真是谢谢你了！我说呢，高三下半年我妈妈突然通情达理了。以前，妈妈根本不懂我，但是又不听我说，我们俩经常吵架，吵得不可开交。尤其我上了高中之后，妈妈经常逼着我做这做那的，连吃个饭都强制我。我特别生气，都离家出走过，你知道吗，老师？"

我笑了，对她妈妈说："看，优优这孩子多优秀啊！你还有什么不放心的呢？"

她有些不好意思地笑了，看来她是真的意识到自己的问题了。

这么多年的咨询经历，我清楚地知道，这样的妈妈又岂止优优有呢？

历史在重复，一年一度的高考在继续，"优优妈妈"们该反思了：

高考，到底是谁的事？你的"关心"是否给孩子制造了更多的困扰？你到底是在帮孩子，还是在转移自己的焦虑？

扫码听本集

04

——

走不出的世界

其实，让孩子觉得自己不够好，并努力找出不好的证据，这才是一个真正让人痛苦并走不出的世界。

"**老**师，我发现我生活在两个世界里。除了这个真实的世界，我自己还有一个可怕的世界。"

说到最后一句的时候，她敛起了笑容，略带忧伤。

这是一个微胖的女孩儿，来自高一实验班。第一眼，感觉她是活泼开朗的，虽然说话的气息中略带一点焦灼，但丝毫掩盖不了这个年轻生命本身的蓬勃。

看到她垂下眼睑，阳光的脸庞蒙上一层淡淡的愁云，突然让人心生爱怜。我不禁想到"少年不识愁滋味""为赋新词强说愁"。

我笑了笑，说："你刚才说，发现了一个新世界？"

"是的，老师。我发现，我经常掉进那个世界里，出不来，这严重影响了我的学习，我真不知道该怎么办了。"

没等我问，她便急促地接着说："期中考试，我的成绩下滑得很厉害，由前5名一下滑到12名。我苦苦反思，找不到原因，为此非常痛苦。我的老师们对我进行了集体分析，结论是：我的心思没全用在学习上，经常分心。可是，我觉得不对。因为考试前的两个月，我学习很投入，而且几乎是上学以来学得最用功的一段时间。"

说完，她很委屈地看着我。

"老师说你'分心'是什么意思呢？"我问。

"就说我情商太高，关心的杂事太多。比如：在楼道里碰到老师拿不动电脑，我就赶快去帮忙；课间同学要去厕所，没时间接水，我会帮她去接热水；同学生病了，我会帮他们带饭；等等。"

"你认为，这些影响你学习了吗？"

"没有。但是，我妈妈也这么说我，说我心思没全用在学习上，并且说这是老师们的意见，她觉得也是。但不管他们怎么说，我不认同，我觉得帮助别人是顺手的事，不会影响我，我也知道自己在很努力地学习。

"可是，就在昨天，我们班组织了一次经验交流会，考得好的同学分享学习经验。听到他们的发言，我明白了，原来，人和人真正的差距在课后。上课时，大家都在学习，几乎没有什么不同。可是，课后他们会把学过的东西在脑子里再过一遍，但我从来没有这样做。我的课后基本在想一些美好的事情。

"难怪他们说我分心，原来我真的精力不集中。一个人走路回家时或者睡觉前，经常在幻想，并且很陶醉于想到的那些美好情境，我的心分到这里了。我现在掉进想象的世界里出不来，这是影响我学习的真正原因。老师，我该怎么走出这个世界？"

说着，她表现出了极度的疑虑和焦急。

看得出，这次成绩下降对她的打击十分大，她非要找出原因。尽管她不承认老师、家长对她下的"分心"的定论，但她同时也陷入了找不到原因的痛苦中，于是，权威们"分心"的评判，反复地敲打着她痛楚的神经，已经在她心中清晰地留痕了。一个人，当内心有观点闯入的时候，自然就会下意识地努力寻找证据。

"你是从什么时候开始喜欢幻想的？一般会幻想些什么？"

"从小就这样。我一般都想些美好的事情，比如，将来我要读的大学的样子；等我功成名就，带爸爸妈妈出国旅游的情景；我结婚的时候要穿最漂亮的婚纱……"

她越说越兴奋，脸上露出灿烂的笑容。

我清楚地看出，这才是她本该有的样子——一个心中有着美好憧憬的少女！她眼下的焦虑只是因为被戴上了"分心"的帽子，而这帽子又来自"权威"，从而使得她对自我的信念产生了怀疑和动摇。

"说说你的成绩吧，从初中到现在。"

"初中以前，我一直是年级第一；初二贪玩，成绩一度下滑到30多名；初三勉强被选拔到了课改班，就是提前学习高中课程的班，这个班由全市选拔的尖子生组成。在那个班里我是倒数第一名。那时，我开始着急了，拼命学习。还好，成绩不断上升。等真正来到高中，我发现，大家都很用功，我也不敢懈怠，改掉了很多坏习惯，努力学习。但是，成绩忽上忽下，好的时候前5名，最好一次第2名；差的时候十几名，这次就是12名。

"从第2名下降到第12名，我真的无法接受，情绪好几天没变过来。因为这两个月我学习很努力，上课也不走神儿，效率很高，我觉得很在状态，可是……

"他们说得对，我就是分心了。分心花点时间可能没什么，但，我觉得，幻想的东西占了我脑子太多的空间，所以我学不好。老师，我怎么才能从那个世界里走出来呢？"

我笑了，在纸上画了一条上升的波浪线，并重点标记了初一、初二和最近的波峰、波谷四个点。

"这条线代表你的成绩，从初一到现在，整体呈升上趋势，对吧?"

她仔细看了看图形,想了想,认真地点了点头说:"对,就是这样的。"

"初二时有个大的滑坡,初三时开始呈波浪式上行。到现在,你的成绩的高点已经远远超过初中的最好成绩。"我微笑着看着她,她也微微笑了,点头答应。

"从一个初中的全校第 30 名,上升到由全市选拔孩子组成班级的前 5 名,难道你没有觉得自己很棒吗?"

她直了直身子,认真看了看图形,脸上闪过一丝光亮,说:"对啊,这样看起来还挺好的,我还真的挺棒!我的成绩并没有那么糟糕,我的努力没白费啊!"她小声低语,似乎在反思,又似乎在对自己说。

"你做得已经足够好了,能不断约束自己,调整自己,成绩提高这么快,这是很多同学做不到的。虽然成绩有些波折,但没有必要只盯着一次波谷,非要找出原因。你说呢?"

"嗯,对。是我太在意这一次的成绩了。其实,成绩波动是正常的,最近的努力没有立刻体现在成绩上也是正常的。总体来说,成绩有这么大的提高,说明我的努力是有效的。看来我是被这次挫折打晕头了,只看局部,忘记整体了。"这么说的时候,她的脸上露出了甜甜的笑。

但是,只片刻,她脸上的肌肉又紧起来了。

"可是,老师,我掉进那个世界里,走不出来了,怎么办?"

看得出来,即使她已经认识到自己其实很棒,自己的做法也很得力,也明白苦恼的产生只是因为盯住了一次成绩的下降而难以自拔。但是,通过这些天苦苦思索好不容易寻找到的那个理由——偶尔的幻想，却已经成了她的心病。

我又在纸上画了一条线段，用 0 到 10 标记。我说："从 0 到 10，这条线段代表你所有的时间，请你标出你用来幻想的时间长度。"

她想了想，最后标出很小很小的一段，几乎不到 0.5。我指着线段说："看看你到底生活在哪个部分？要走到哪里去？"

看到线段上那个几乎短成一个点的长度，她自己笑了。

"其实，我也没浪费太多时间啊，用来幻想的，就这么一点点儿。"

我欣慰地看了看她，说："而且，你说，幻想的都是一些美好的事情，会给你带来很好的心情。这可不可以看作生活的小浪花儿、学习的加油站呢？"

她会心地笑了，再一次直了直身子，深情地看着我。我也笑了。顿了顿，我俩同时笑出声来。她的笑声那么爽朗！

扫除了心灵上的雾霾，眼前的这个生命多么美好！

王阳明说"心外无物"，一切事物都是心体的呈现。内心充满美好的憧憬，生活中乐于助人，本来是多么好的品质，但却因为一次成绩下降找不到原因，硬生生地被戴上"分心"的帽子，成了影响成绩的替罪羊。

真是一念天堂，一念地狱！而这"一念"便常常是心理发生变化的奇点。其实，让孩子觉得自己不够好，并努力找出不好的证据，这才是一个真正让人痛苦并走不出的世界。

05

——

管控下的『听话』

　　一个孩子，只有完成和妈妈的分离，建立起自我意识，内心培养得足
够强大，才算建立起了真正的自我。

"**刚**才你说，考不好就打他。还记得最后一次打他是什么时候吗？"

"大概是八年级吧？"母亲苦笑了一下，看了看儿子，似乎是在征求意见。

"是九年级吧？"儿子托着下巴看着母亲，也试探着说。

"对，是九年级。"两个人对视了一小会儿，母亲最后定夺，算作是对我的问题的回答。

经常处在打骂中的家长和孩子，我见得很多，但这次，我诧异了。

坐在咨询室沙发上的这个男孩儿，是高三复读生，20岁。一米八五左右的个子，浓眉大眼，五官端庄，棱角分明，符合了高和帅的标准，是一个很标致的青年。可是，当谈到挨打——挨妈妈打，并且妈妈就坐在眼前的时候，他居然如此坦然，没有一点羞怯，没有一丝不安，还微微笑着，就像在讨论别人家的孩子一样。这实在让人匪夷所思。

坐在他身边的是妈妈，看上去很斯文。一般来咨询的母亲，面对孩子，说话总会小心翼翼，唯恐踩了雷区，于无意之中伤害了孩子。可是，眼前这位妈妈却毫不顾忌，说到儿子的事情，随心所欲，感觉就像是老猎人在摆弄刚打来的兔子，知道"猎物"不会有任何反抗。

让我们听听她的诉说。

"这个孩子，真的愁死人了，一考试就掉链子。这不，二轮模拟考了356分，照这样下去，连个好专科也上不了啊。要命的是，他现在非常害怕考试。平时也不笨，可一到考试就发挥不出来。

"我自己也是老师，性格很要强，工作上从不比别人差，连着教毕业班20年了，成绩一直是第一名，从没考过第二。可是，他怎么会这样？他上初中时，我任他的班主任，有些同学就说他不配当我的孩子。

"我一下子意识到，我的优秀对他是个压力。于是，在他九年级的时候，我调到了另一所学校工作。但是，他的成绩还是不好。我过去的那些同事都说他不像学习不好的，很聪明，也很懂事。我就告诉他们，这孩子平时还好，一考试就完了，考不出成绩来，不信你们看。他们也多次验证了这个结论。眼看又要高考了，他害怕成这个样，这可怎么办啊？"

母亲一口气数落着，男孩儿只微微笑着，似乎随时准备回答"是的"。

几次想插话打断这种当面对孩子的控诉，阻止这种赤裸裸的伤害，但还是没能抢过话锋，直到她说得自己想换口气，我这才赶紧说："大体情况我知道了，我想和孩子单独聊聊，你看如何？"她很爽快地答应了，并起身去了接待室。

我看了看留下来的男孩儿，见他有些紧张和羞涩。

"你妈妈刚才说这些，你的感受是什么呢？"

"我觉得她说的都对。"他搓着双手说。

"我想知道，当着外人的面，妈妈这样说你，你的心情是什么样的。"

"没什么，她说的都对。我就是非常害怕考试，一到大考就完蛋。如果不是因为害怕，这次模拟考试我会考得好一些。"

"妈妈说每次考不好就会打你。挨打的时候你什么感受？"

"我觉得是我做得不好让妈妈生气了，她打我是为了我好。我会下保证好好学习。就是学不下去，当着她面我也会装着学习。"

"从小到大，每次挨打都这么认为吗？"

"是的。但自从上九年级后，她就不再打我了。有一次，我没考好，她打了我，我火了，离家出走，去了姥姥家。从那以后，她再没打过我。"

"你的意思是你曾经反抗过？当时是什么感觉？"

"当时，我很害怕。从小，妈妈生气的时候，我从不反抗，因为我害怕。那次真不知道是怎么回事，一下子就火了，说'打死我算了，我不活了'。记得妈妈当时就怔住了。走出家门时，我更害怕了，但是还是硬撑着去了姥姥家。爸爸说来接我，可我不敢回家，乞求姥姥留我住下。他们还是来了。可不知道为什么，见到妈妈，我竟然感到很坦然，很轻松，一点也没有以往的内疚感，好像长出了一口气，很有力量。"

"在学校里，你过得怎么样？"

"我痛恨上学，在学校里度日如年，尤其是初二初三那两年，每天都是痛苦的煎熬。考完试，妈妈打我，我就想死了算了。我不爱说话，同学们经常欺负我，在我凳子上抹胶水、剪断我的书包带、在我书上乱画……我很生气，但是不敢说，因为没有人相信我。如果他们知道我告诉老师了，还会更加欺负我。那两年，我天天趴在教室里，不知道该干什么。"

"现在呢？"

"现在好多了。我学播音。我非常喜欢播音，一到专业课，我就很快乐。但这种快乐也不能长久，因为妈妈看到我轻松了就批评我，说我翘尾巴。有一次排练，我没发挥好，妈妈当着 21 名同学的面就骂我，把我说得一文不值。我哭了，五六分钟没回过气来。但是，我很快就装作很好的样子，因为我害怕妈妈生气。"

"你有没有自己做过决定，比如买什么衣服、留什么发型等等。"

"从来没有。不论做什么事，我都要先问问妈妈，她同意我就做，否则就算了，我不愿意让她生气。我的发型都是她定的。

"有一次，过年，妈妈很忙，让我自己去商场买衣服。还记得当时那个感觉，真好！整个商场似乎都是我的，我说了算，想买啥就买啥。可是，到真正选衣服了，我还是不停地发图片给妈妈看。但我看好的，妈妈总说不行。发了无数张图片，最后她看烦了，说'你随便买件吧'，我反而一下子没有着落了，自己拿不定主意，最后什么也没买，回来了。后来，还是妈妈去给我买的。"

一个一米八五的男孩子说到这里，其实，任何人都能看出问题的严重性了。这是一个至今还没有从妈妈身上分离出来的孩子！"妈妈都是对的""不能让妈妈生气"，这就是他生活的核心信念，他的所有行为都围绕这一信念。他，至今也没有树立起真正的自我。

"妈妈说你会害怕考试，你最怕什么？"

"我最怕考不好让爸爸妈妈伤心。我不想让他们生气，我要让他们过上最好的生活。"说着，他呜呜地哭了起来，"我真的很没用、很不好，总给他们丢脸。邻居的孩子都考上好大学了，可是他们的孩子却这么没出息……"

一个孩子，只有完成和妈妈的分离，建立起自我意识，内心培养得足够强大，才算建立起了真正的自我。相反，如果一个人一直在别人的管控中，把对自己的评价始终建立在别人的态度上，所做的一切都要看别人的评价，非常害怕别人的不认同，自然就会经常表现出胆小、羞怯、小心翼翼，或者看起来很乖巧听话。这往往是高压的结果。但是，控制者（爸爸或妈妈）往往意识不到自己的问题，也想不到问题的严重性，直到问题在孩子身上以各种形态呈现——通常两种呈现方式最常见，一种是反抗，强烈爆发式的反抗；另一种就是这种"听话"。

北大留美学生王孟 12 年不回家，控诉他的父母：如果教育是为了控制的话，那我父母真是做到了极致。最后，他的反抗就是爆发性报复式的。

显而易见，这是王孟父母教育的失败，但人们常常会忽略了长期控制下"听话"的孩子其实也是另一种形式的教育失败，两种失败最后都会导致孩子攻击和反抗。前者常常是对外：出走、绝交、报复社会等等；后者则常常对内：自卑、自残、自杀等等。

面对眼前这个"大"男孩儿，要帮他建立起自我意识，发展出强大的自我，我很清楚任务有多艰巨，不仅需要多次的引导，更需要家长的改变和配合。

但是，好的心理老师首先应该发现和启动生命自身的能量。

于是，我冲他笑了笑，说："咱们来回忆一下你第一次反抗同学的欺负和反抗妈妈的打骂时的感觉。"

"很爽，感觉很有力量！不再被别人控制的感觉，很轻松。"

他手舞足蹈地搜寻着合适的词汇来形容那种感觉。

"对，就是那种力量！那就是你生命的力量，你的生命是很有力量的！你是可以控制你自己的生活的！你是可以主宰你自己的！你可以自己说了算……"

听了我的话，他兴奋了，双手握拳，重复着："对，我是有力量的！我可以控制我自己的一切，我不需要必须听别人的，我是有力量的！"

"对，你是有力量的！你可以为自己做一切，你可以为自己高考，自由支配自己的力量去高考，去证明自己的能力，而不是为了别人的满意去高考！"

"对，我要为自己高考，我要去证明自己的能力！"

"那么，从今天开始，你就要一步一步扎扎实实地准备，不管过去，不管未来，只管走好当下的每一步，用自己的生命力量去证明自己的能力。"

"对，我要证明自己的能力！我是有力量的！"

看到他体验着生命的力量，饱含眼泪发奋，浑身肌肉紧绷，真正展现出了一个男子汉的阳刚，我感到无限欣慰。尽管，走出咨询室，外面迎接他的还有无数想不到的风风雨雨，但是，这一刻，阳光已经洒进他的生命里。相信随着以后的疏导，这个生命定会绽放出他应该有的蓬勃灿烂！

06

—

跳出高考焦虑的恶性循环

努力改变不能改变的，就是你恶性循环的起点。但是，当你接纳现实、专注当下的时候，这个循环就不存在了。

敲 门进来的是一个个子很高的男孩儿，背着一个大大的书包。

这是又要请假回家了啊！

还没等我问，他便自我介绍是高三的学生。

"老师，还有 7 天就要高考了。我感觉压力很大，在教室里实在待不下去了。怎么改变这种状态呢？"

原来是受不了高考焦虑，跑出来求助的。

"哦，说说具体的感觉吧。"我笑了笑。

"我的成绩一直在下降，本来还能考 500 多分，现在下降到了 410 分了。马上要高考了，我感到很绝望，压抑得不行，甚至不想参加高考了，也不知道自己该怎么做才能改变这种状态。"

"那当你感到压抑的时候，你是怎么做的？"

"我就埋头到手机里，疯狂地玩手机。我知道这是在逃避，玩完了又非常后悔。这种状态让我感觉快要疯了，我怎么才能改变这种状态呢？"

"也就是说，你现在非常急切地想改变这种状态？"

"是的，老师。如果不改变这种状态，我就没办法参加高考啦。在这种状态里，我根本学不下去，也无法精心备考，成绩也在不断下降。"他长长地叹了口气，又摇了摇头，"看到不断下降的成绩，我快要崩溃了，就越学不下去！怎么才能改变这个状态呢?"

"也就是说，看到成绩下降你就越学不下去，越学不下去成绩就越下降。你掉进了这个恶性循环里，是吗?"

"是的，就是一个恶性循环。"

"好的，既然是循环，那就有循环的起点。你认为这个点在哪里呢?"

他摇了摇头，沉默。

"现在让你最着急、最痛苦的是什么?"

"就是怎么改变这种状态。"

"好的。也就是说，你努力地一心想着如何改变这个让你痛苦的状态，那么我们就先从这个最痛苦的起点来看。你要改变的这个状态是什么样子的呢?"

"就是一想到高考就很紧张，而且这里有些闷。"他用手捂住胸口说。

"还有别的感觉吗?"

"没有了。"

"也就是说，一想到高考就紧张、胸闷，就没有平时感觉那样轻松，是吗?"

"是的。"

"你怎么看这种现象?"

"高考紧张应该是正常的，大家都会紧张。但是我怎么才能改变这种状态呢?"

"高考紧张是正常的，胸闷也是正常的，出现一些其他的状况也是正常的。而现在的不正常在于你努力想改变这种状态。"

他猛醒了一下，瞪大了眼看着我，沉默了一会儿。

"是啊，这怎么可能改变呢？如果像平时一样平静就不是高考了。"他几乎是自言自语着。

造成恶性循环的起点找到了！

心理的奇妙在于，产生问题的点一旦找到，问题便会焕然冰释。

我很欣喜他有这么高的悟性。

于是，我又在纸上画出了焦虑曲线，让他知道焦虑值和学习水平的关系，并告诉他适当的焦虑有利于成绩的发挥。因为平时我们的生命有很多能量是在沉睡状态的，而较大的压力和刺激会激发我们生命的能量，高考就是很好的压力和刺激。所以，我们应该感谢这份紧张和焦虑。

他表情放松了很多，微微笑了。

为了更清楚地表达，我顺势打了个比方："高考有压力也有焦虑，就好像万米长跑快到终点时下起了雨，你是努力让雨停下来呢，还是努力继续奔跑冲刺？"

他笑了，说："对啊，高考就应该比平时紧张，不用管它，让它随便存在，带着这份紧张只管学习就行。"

我说："努力改变不能改变的，就是你痛苦的源头，也是恶性循环的起点。但是，当你接纳现实、专注当下的时候，这个循环就不存在了。"

听到这里，他坐直了身子，看上去已经很轻松了。

"你还有什么困惑呢？"

"我还是有点担心成绩会继续下降。"

"我们回头想一想，当时造成成绩下降的原因是什么呢?"

"是状态不好，而自己又想努力改变这个状态，掉进了那个恶性循环里了。"他很快就总结出来了，而且说的时候表情越发轻松，似乎明白现在情况变化了，成绩走势也会变化的。

"成绩往往是呈波浪式前行的，前期你在恶性循环中，成绩持续下降；当恶性循环不存在的时候，上升是必然的。怕什么呢，只管走好当下的每一步，至于结果，让其自然地发生就是了。"

他频频地点着头。

"老师，现在我感觉浑身轻松多了，也有力量了，这就回教室准备高考。"他说着攥了攥拳头。

我笑了笑，又教了他几个放松、休息和提高效率的小方法。

他开心地回教室了，我也舒心地出了一口气。

07

—

其实，你的生命原本美好

因为过于苛求，所以总是不肯原谅自己。她被自己制造的浓浓雾霾压抑得难以呼吸，以至于再也找不到出路。

收到家长的预约留言是在中午。

诸多微信预约中，这位妈妈的语音一下子吸引了我。因为，她说出了一个名字——她女儿的名字。

我禁不住翻回去重新听了一遍。没错，就是这个名字！就是她，那天深夜给我发微信要自杀的女孩！

我等她很久了。至于这位妈妈说她女儿有多么压抑、多么痛苦，我都不注意了，赶紧回复定好了时间。

约好时间，如释重负，但又有丝丝不安。

这将是怎样的一个咨询呢？

她是高二的一名女生，听了我的讲座后，打听到我的微信，几次发信息说自己很压抑，想找我聊聊。因为高考前太忙，我让她稍等几天。就在一个月前的一个深夜，11 点 56 分，我正加班写报告，她发来了一条信息："老师，我压抑得实在不想活了，我就站在您的卧室的窗边。"

要死要活的，尽管见多了，但，当时我还是紧张了起来，毕竟是半夜啊。

我费尽心思好歹稳住她，约好第二天上午来咨询室聊。也许是仓促，也许是紧张，当时竟然没记住她的名字，模模糊糊记得有个

"涵"字，可等我再回头查她的微信名时，已经改成"天涯牧女"了。

第二天，约好的时间她没来，留了条信息说要考试。我给她留言说：我等你。从此没了音信。而这个女孩也就刻在了我的心里。

我问过年级主任，但是没有信息，不好找。

直觉她暂时不会有事，又加上高考那段时间特别忙，就没顾上再去寻找她，但这个事一直在我心里。直到今天，她的妈妈打听到我，替她预约，才又一次让我些许紧张起来。

听她妈妈的声音，很无助，很着急，也很痛苦。想着下午的咨询，我心里直打鼓：这是怎样的一个女孩呢？她到底有多压抑？压抑多久了？会不会是抑郁症呢？不会不会，但愿不会！这次她千万不要再爽约！

边想着，边进入咨询准备状态：我要用灵魂陪伴另一个灵魂。

正想着，她来了。个子不高，模样周正，肤色偏暗，但不算黑。整个人看上去应该用健美来形容，完全不是我想象中的白皙、瘦弱、林黛玉似的那种女孩。形象判断的差距给了我更多好奇。我微笑着，看着她，而她并没理会我，一屁股坐下就开始诉说。

"是我妈妈让我来的。我在家里实在受不了了，郁闷得不想活了。"她说话很快、很急促，根本不等我问，"我现在经常压抑得不想活下去，感觉什么都没意思，整天就是起床——学习——回家——睡觉，然后再起床……就这样重复，一点意思也没有。"

说着，她吐出一口闷气，眼眶也红了。

"以前的我不是这样的。初中的时候，我学习很好，也很开朗、很活泼，同学们都很喜欢我。考上高中，在××学校只待了一个月，就转学到这里直接进了实验班。刚来到第三天，月段考试，我考了倒数第一。那天，我哭了一晚上，但从那以后再也没考好过。我感觉压力特别大，每天非常努力地学习，但就是考不好。我恨死自己了！一个学期后，转入普通班，成绩就是二三十名，再也没进过前五名。看到别的同学都在轻松学习，我很想回到以前的状态，可是，我感觉什么都没意思，一点自信也没有了。我痛恨自己，怎么会这个样子，会这么笨，什么都做不好。

"现在，我越来越不愿意和同学说话，什么人也不想搭理，只想自己一个人待着，经常偷偷地哭。我也不知道为什么，那种压抑感莫名其妙地就来了，压抑得受不了，喘不过气来，就想死了算了。"

说到这里，她的眼泪已经止不住了。

"我多么想找回以前的学习状态，可是，没有了，再也回不到以前了，原来的自信一点也没有了。为什么会这样呢？我很讨厌自己现在这个样子，做什么都没意思。"

我几次试图插话，她都不理会，只是自顾自地边说边哭。

我只好静静地陪着，一边轻轻地递上纸巾。她的眼泪滚滚而下，擦都擦不完。这是多么压抑、多么痛苦的一个女孩啊！

她终于喘息了一下。

我问："这种压抑多长时间发生一次。"

"差不多两三天。成绩这么烂，又找不回原来的状态，没有一点自信。我很讨厌这样的自己，现在又非常压抑，经常会闷得喘不开气。妈妈曾带我去看医生，拿了些药，吃了会好一点。可是现在又越来越厉害了，莫名其妙地就郁闷，就喘不开气。"

她的诉说是那么简单，思路是那么清晰，由原因直接到结果，似乎没有什么可以深究的。

我温和地看着她，一时找不到谈话的切入口。

她期待地看着我，我俩一时陷于沉默。

突然，从她满是泪痕的脸上，我看到了她曾经的快乐。

我说："能否说说让你感到最快乐的事是什么？"

她想了想，说："没有。我不知道什么能让我快乐起来。其实，从转学上实验班，就再也没有快乐了，没有一天对自己满意过。即使偶尔开心，也不是发自内心的。"

"你的意思是说，从转学上实验班，你的情绪不论怎么样，总有一种不快乐的背景音？"

"是的，从来就没有对自己满意过。"说着，她忍不住又啜泣起来。

当她捂住脸、低下头蜷缩着抽泣的时候，是那么弱小，那么卑微，完全没有了刚才的健美。

纸巾再次递过去的瞬间，我的直觉清晰了起来。

"你对自己没有满意过，经常指责、抱怨、痛恨自己，是吗？"

"是的，我很恨自己现在的样子，很想回到初中时的状态。"

"但是，不论你怎么抱怨、指责和痛恨，自己的成绩一直都保持在 20 名左右，哪怕是你多次想去死，最后自己也挺了过来，不但没有死，而且成绩仍然保持在 20 名左右，是这样吗？"

"嗯。"她不停地擦着眼泪。

"你觉得那个被你指责、抱怨、痛恨的自己可怜吗？"

听到这里，她突然呜呜地哭了起来。

"我也不想这个样子，这么没出息，我只想回到原来的状态。"

"那个自己已经很努力了，可是，她不但没得到你的肯定，反而被你一天天地指责、抱怨和痛恨。无论她多么努力，在你这里从来没得到过欣赏。你只看到了她的缺点，只会怪罪她回不到原来的样子，只会恨她没有自信。然而，你越指责、抱怨，她就越可怜、越弱小、越萎缩，直到喘不过气来。"

"可是，我没有可肯定的。"她抽抽搭搭地说。

"其实，你的生命原本很美好。"我接着说，"只是，自从去了实验班，你的成绩名次不高，你就再也不肯原谅自己，每天都在寻找自己的缺点，放大自己的缺点，并抱怨自己不是原来的样子。当你不停地指责、抱怨和痛恨的时候，你的那个自己便越来越渺小，越来越胆怯、萎缩，你会感觉到越来越压抑，越来越没有自信。"

她呜咽着不停地点头。

"欣赏自己吧！那个自己真的很了不起，无论你怎么指责、抱怨和痛恨，她依然坚持面对每一天，并且保持成绩不下降。很多在你看来快乐学习的同学的成绩还在你后面，这不应该感谢那个坚强的自己吗？"

她点点头。

"还有，无论多大的压抑来了，她都坚强地挺过去了，并且坚持学习。她是多么不容易、多么了不起啊！这难道不值得欣赏吗？"

"是啊，自从在实验班考了倒数的名次，我每天都在抱怨中，从来没肯定过自己，没对自己满意过。"她停止了哭泣，擦干了眼泪，接着说，"其实，我自己还是很努力的，并不是一无是处。还有那么多同学的成绩在我后面，人家也没有郁闷。而我却天天抱怨，再也看不到自己的长处。"

沉默了一会儿，她又深深地出了一口气，说："原来，我是自己把自己打败了，自己把自己指责、抱怨、痛恨到弱小、卑微了。"

当她沉思着说出这些时，我似乎看到她的内心豁然亮了起来。

这个原本美好的生命，因为对自己过于苛求，所以面对突如其来的挫败，总是不肯原谅自己，对自己就像主子揪住奴才，天天怒骂、殴打、痛斥，直到那个自己再也没有自信站起来，甚至弱小卑微到整天以泪洗面。这个生命钻进自己制造的迷雾太久了！她被浓浓的雾霭紧紧裹住，压抑得难以呼吸，以至于再也找不到出路。

还好，她来了。

进入心灵的力量只要轻轻一点，碰触到了她心理的奇点，长期形成的壁垒便会轰然坍塌，她的心灵深处便立刻拨云见日。

内心豁然的她笑了，笑容是那么灿烂！

不舍离开的女孩，召回的是生命原本的美好。屋子里，这美好弥散开来，也温润了我的幸福内心。

08

——

少了一个人

她说："老师，我从小非常渴望爸爸妈妈抱抱我……可是，他们从来不……"说出这些时，她仍然笑着，但那笑容让人心里涩涩的，比哭还难受。

这个笑眯眯的女孩儿已经是第四次来咨询室了。

女孩儿看上去总是那么害羞又惊恐的样子，整个人总是扭扭捏捏，说话声音很低，以至于多数时候我不得不探着身子仔细去听。她手里总拿着一个笔记本，要说的内容全记在上面，说话的时候会不时地翻翻看看，说"我说到哪里了呢"。

几次交谈，我知道这是一个心思细腻且很敏感的女孩儿。

她敲门进来的时候，我正在整理上一个咨询的记录，看到她，下意识地赶紧停下手头的活，冲她微微笑了笑。

尽管这次她没有预约，我却毫不犹豫地迅速做好了陪伴的准备。我知道，此时的她非常需要陪伴。

"怎么突然来了，上什么课？"我笑着看了看她，问。我知道高一马上要期末考试了，时间很紧张。

"体育课。我的问题很严重，但是我不好意思和班主任请假说来咨询，因为我不愿意让别人知道我的事。终于找到这个时间，体育课很宽松。"

这次她说话很放得开，不像前几次会因为紧张经常说着说着就停下来。

我只是微笑着看着她。

　　她接着说："昨天晚上我从不到 12 点就在哭，一直哭到凌晨 3 点才睡着。你知道吗，老师，我说过的，我好几年没有哭过了！不是不哭，而是哭不出来。那种痛苦到想哭，但是又哭不出来的感觉太难受了。"

　　我注意到，即使说这些，她脸上也始终挂着微笑，让你无法想象她是在诉说痛苦，更想象不出这样一个笑嘻嘻的女孩昨天晚上还刚刚大哭过——她哭起来又是什么样子呢？

　　"哭出来之后，现在感觉怎么样？"我问。

　　"感觉开关被打开了，似乎无法关闭。我也不知道自己为什么就哭了那么久。我一直离不开手机。你知道吗，老师，每天晚上下课回到家，我就看手机，一直到 12 点，或者凌晨一两点钟。昨晚，我看到了一个很低俗的剧，泪点也很俗。就是有一个女孩，也是上高一，爸爸因车祸死了，妈妈又要改嫁，她被送到姨妈家……看着看着我就哭了，而且反复看这个片段，就一直哭到 3 点。"

　　她诉说这一切时始终微笑着，这让我想起她第一次来的时候说过的话。

　　那次她说："我从小住在奶奶家，爸爸妈妈在青岛不回来。我小的时候，大约记得爸爸妈妈总是吵架，而且经常闹离婚，我很害怕。被送到奶奶家之后，我天天盼望他们来看我，可是妈妈基本不来，爸爸即使来了，也很快就走了。看到别的小朋友每天和爸爸妈妈在一起，我经常偷偷地哭，但是又害怕被爷爷奶奶看见。直到上了初中，才不怎么想他们了，他们来不来都行。后来他们搬到这里住，又生了我弟弟，而我还是跟爷爷奶奶住。现在弟弟也经常被送到奶奶家，爸爸妈妈不接弟弟的时候不过来，来了接着弟弟就走，最多吃个饭，从来不管我。"

这个情景已经很让人心酸，但是她说的时候依然很轻松，始终微笑着，像是在说别人的事情。

"你说问题很严重？"我回到刚才她的话题上。

"其实，我也不知道什么问题，就是觉得很严重，没法继续待在教室里，很痛苦，就像缺了点什么似的。"

她想了想，突然皱了皱眉，但依然微笑着，说："少了一个人。老师，你知道吗？就是我感觉我的生活里少了个人。我一直在找一个人。这个人能陪我说话，能给我讲题，能和我一起上学放学，不一定非是男孩，女孩也行。"

"你是说好朋友？"

"是的。一个能听我说话，在我哭的时候能够陪着我的朋友。我有事的时候或者心情不好的时候，要有人听我说啊！"

她的声音开始变得高了。

"平时在家里，关于心情，你一般和谁说得多？"我问。

"我从来不说，也没有人可以说。爷爷奶奶年纪大了，身体又不好，我不想和他们说，也从来不说我的事。爸爸妈妈不大回来，来了就是接弟弟，匆匆忙忙又走了。还记得弟弟很小的时候，有一次，我想他们了，哭着要回家。爸爸把我接了回去，结果妈妈骂了我一顿，说我这么大了不懂事，她还要照顾弟弟，等等。从那以后，我再也没回去过。现在，除了学习，他们基本不问我的事，我也不说。

"还是在青岛的时候，他们养了一条狗，我一直很想打那条狗，但是后来，那条狗没了。我为什么说到这了呢？"她回过神儿来，"其实，我就是觉得少了一个人，一个听我说话的人。"

"在班里你有多少好朋友？"

"很多，但是都是那种泛泛之交。没有一个能陪我说话，就是说心里话的那种。上次我跟你说过，我的闺蜜和另一个同学一起玩了，我很伤心，被冷落的滋味让我欲哭无泪。和你聊过之后，我走出来了，不再为这事伤心了，可是——"说到这里，她收敛了笑容，"我喜欢一个男生，从六年级时就喜欢。我也不知道自己为什么喜欢他。他长得不好看，学习也不好，大概就是放学和我一起走，他会听我说话吧，反正我很喜欢他。上了高中，他被分到普通班，在另一座楼上，我不能跟他在一起了，就再也没有人听我说话了。刚开始的时候，我很痛苦，感觉非常孤独，就是那种被压垮的孤独。于是一下课我就跑到他的楼上，哪怕只看他一眼。

"几个月后，我就不再去了，毕竟很远。后来，我的同桌换成了一个男生，有一次，他说我很像他叔叔家的妹妹。我突然感觉心里很温暖，说那我就做你的妹妹吧。从那以后，他就叫我妹妹。他会给我讲题，听我说话……可是，最近我们又调座位了，他坐到了我的后排的后排。分开之后，我突然发现，原来我是喜欢他的。现在只要上课，我就会不停地回头看他，忍不住。可是，他好像没有注意到。前几天我跟他说了我喜欢他，没想到他一下蒙了。看到他蒙了，我就说：'那好吧，就当我没说吧。'嗨……"

她看看我，自嘲地笑了笑，又恢复了她的标志性的微笑。

"老师，现在我真的很孤独，那种孤独很压抑，压得我喘不过气来，好像缺了些什么。我想找一个男朋友，其实不一定是男的，女朋友也行，只要听我说话、陪我哭就好。老师，你知道吗，我喜欢了四年的男孩，他在那个楼上，但是很远，远得让人感觉不现实、抓不到，而我需要一个现实的人，因为我的情绪没法排解。我也试着把手机锁起来，但是不行啊老师，没有手机，黑夜的那种孤独会让我发疯的。只有拿着手机，我才会平静一些。手机是我排解情绪的唯一途径。"

"这一些，包括你每天晚上玩手机到很晚，家里人知道吗？"

"爷爷奶奶不知道。我在家里基本不怎么说话，多数时候一个人在自己的房间里玩手机，他们都认为我不爱说话，所以也不问。爸爸发现了，和妈妈一起批评过我，也曾经把手机要回去，但是我又要回来了。他们根本不了解我的情况，也不懂我，就知道关心考试成绩。我也懒得和他们说话。他们也不管我，说我大了，他们得照顾弟弟。我和弟弟吵架，弟弟就去向他妈妈告她状，不，是我们的妈妈！妈妈就批评我，批评我也无所谓……"说到弟弟"他妈妈"，这种口误不止一次，她总是及时纠正"是我们的妈妈"，并且很羞赧地笑笑。

"我说到哪里了，这是——"说着，她又翻开笔记本看看，"其实，我也不知道自己到底要说什么，就是觉得问题很严重；也不知道什么问题，就是很难受，不解决就没办法上课。现在我好像理清了，就是少了个人。老师，我要找一个人，能听我说话的一个人。"

"这样的朋友不难找吧？"我笑了笑。

"不难，但是害怕失去，真的害怕。好不容易交心了，结果突然失去了，就更受不了。我不想交朋友，就是害怕失去。可是，现在我就是感觉少了一个人，很强烈地感觉少了一个人。少了，就是那种少了，你明白吗，老师？"她蹙着眉，因为无法解释清楚，笑容也掩饰不住焦急。

我对她微笑着点点头。

她似乎轻松了，又低下头翻看着笔记。

一口气说了这么多,她肯定累了。我站起来给她倒了杯水,轻轻抚摸了一下她的长发。当我的手触到她的辫子的时候,她突然颤抖了一下,接着不好意思地笑了。沉默了一会儿,她说:"老师,我从小非常渴望爸爸妈妈抱抱我……可是,他们从来不……"慢慢地说出这些时,她仍然笑着,但那笑容让人心里涩涩的,比哭还难受。

我的手继续触摸着她的长发,不忍心移开,生怕不小心伤害了她。

这是一个渴望被爱,但又因为长期缺少爱而惧怕亲密关系的孩子。她用微笑将内心的孤独和痛苦深深地掩藏,但爱的缺位造成的缺失感已经渗透进她的生命的每一个细胞,并痛苦地撕扯着她。随着长大,这种感觉越来越强烈、越来越膨胀,以至于让她时时刻刻处于找寻之中,找寻连她自己都不知道的内心深处那份不可名状的缺失。

"这是说到哪里了呢?我总是跑题。"她似乎没有觉察到我稍稍走神了,接着说,"其实,你说得对,晚上玩手机会让我第二天没精神,可能情绪就更不好了,反而让自己的状态变得越来越糟糕。我是不是应该把手机放起来,然后多和同学说说话,这样可能更好吧?"她探寻地看着我。

"我想,你说得对。不妨试试?"我笑了笑。

"嗯嗯。真奇怪,我突然感觉很轻松了。其实,也没什么大不了的,虽然我都不知道自己刚才说了些什么。人的心理真的很神奇啊。"她看着我,很放松地伸了伸懒腰,然后看了看手表,说,"还有点时间,我没有说的了。我到这里已经是第四次了吧,你?……您不对我说点什么吗?"她俏皮的问询中,笑容里多了些轻松和愉悦。

"你还需要我说什么吗?"

我们俩都笑了。

我知道，对她，温情地陪伴就是最好的抚慰。

她轻松起身，回教室学习去了。

我想，下次我该和她商量见见她的爸爸妈妈了。

09
——
『名师』杀手

想到那个本来活泼可爱的孩子，上了五年学，反而变得厌学厌世，一种莫名的心痛油然而生。这是孩子的问题吗？

坐在我面前的是一位非常漂亮而又时尚的妈妈。明眸皓齿，长发飘逸，白皙的皮肤透出少女般的绯红；丹唇微启，让人期待的是美丽动人的故事。

可是，很难想象，这么美丽的生命诉说的竟然是另一个美丽生命的天性被扼杀的故事。

"我女儿小的时候非常活泼开朗，唱歌、跳舞、绘画、弹古筝、滑冰、游泳、打乒乓球等等都非常棒，学啥像啥；也很喜欢和小朋友玩，比她大的比她小的都能玩到一起，是院子里的孩子头儿；长得又好看，又乖巧懂事，也很会说，小嘴甜得像抹了蜜，谁见了都喜欢。"

她娓娓道来，脸上的微笑洋溢着来自内心深处的自豪和骄傲。

"可是，现在上五年级了，她简直变了个样子。眼见着越来越不活泼，不愿意和人交往，没有朋友，整天懒洋洋的，啥都不想干。早上赖床，拖拉，迟到，作业不逼着不做，我俩天天为写作业吵架。现在一提学习她就低下头一声不吭，完全是死猪不怕开水烫的样子。老师经常叫家长，我感觉实在丢人，但拿她一点办法也没有。她怎么会变得这样了呢？"

她越说越激动，脸上的笑容渐渐隐去。

"不认真做作业，老师就找家长。为这，我几乎天天跟她吵，也打也骂，可她就是不听。其实，我对学习成绩看得并不那么重，她只要认真学就行。但现在看来，我还真担心她变坏了；更可怕的是，这段时间她经常说'活着没意思'，看她无所谓的样子，我真的很害怕。她怎么有这样的想法呢？想不管她做作业了，但是老师天天找。人家老师当然是为了咱的孩子好。你说这个孩子怎么变得这样了呢？我该怎么办啊？"

她一边说着，一边叹气，脸上剩下的只有无奈和忧愁。

"你觉得孩子是从什么时候开始变化的？"我问。

"应该是从上一年级开始。一年级之前她是个人见人爱的孩子。刚上一年级的时候，她也很开心，每次接她放学，她总是蹦跳着出来，上了车就叽叽喳喳说个不停。说哪个小同学怎么样啦，刚发下来的书多么漂亮啦……说得最多的就是她喜欢同学们，喜欢她哪本哪本书，等等。

"但是，大约两个月后的一天，我接她放学，看她是噘着嘴出来的，上了车，我问怎么了，结果孩子一句话也没说，哇的一声就哭了。原来前一天语文考试，她得了 94.5 分。老师当着全体同学的面大声呵斥她，说：'杨阳（化名），你知道你是我们班考得最差的吗？你给我们班全体同学拖后腿了，你知道吗？'她说老师声音很大，她很害怕。同学们都看她，还有好几个同学在笑她。那天，她哭了一路。"

"你是怎么处理的？"我问。

"我就跟她说，老师这样做是为了你好，并告诉她以后要认真学习。"

听到这些，我感到了一丝沉重。多么可怜的小孩！老师"为了她好"的当众责罚，让她感受到的是惊吓和羞辱，这已经给她幼小的心灵造成了巨大的创伤，而妈妈的做法又没有抚平她的创伤。这孩子怎么承受得了啊！

"从那以后，我发现很长一段时间，放学的时候她不再蹦跳着出来了。"妈妈接着说。

"她晚上一做作业就紧张，每次都提醒我多给她检查检查。其实，不只是她紧张，我也很紧张。每次作业就写那么几行字，但是家长们都说至少要检查三五遍。因为别说是写错了，即使写得有点不整齐，也会被老师在家长群里点名，'谁谁的家长对自己的孩子不认真负责，作业没检查好'。刚开学不久，我就被点了三次名，实在不好意思。从那以后，她一写作业我就紧张，写不好就批评她，急了就骂她，甚至打她。

"有一次我出发了，是她的奶奶帮忙检查的作业。第二天开家长会，当着全体家长和孩子的面，老师把写得差的作业用大屏幕展示了出来，共9个孩子的作业，第一份就是我女儿的。老师一边展示，一边批评。当时，我坐在那里羞愧难当，恨不得找个地缝钻进去。我回到家狠狠地批了她一顿，并罚她把作业多写了两遍。"

说到这些的时候，她开始有些愤怒了。

"老师把作业展示出来的时候，你注意看身边的孩子了没有？"

"哪里顾得上看她，让她气死了，害得我在全体家长面前丢脸！"

她更愤怒了。

"从那以后，这个孩子写作业越来越磨蹭，直到现在不逼着不写，真是伤透了脑筋。每天写作业就像打一场战役。她也不是不写，就是磨叽，坐在桌子边上先梳理头发，一遍一遍的。光因为她梳头发，老师已经找过我三次了，说她学习不认真，还臭美。

"这个方面老师说得不对，这我知道。因为这孩子从小就不知道要好，我很清楚，衣服给她买什么穿什么；头发不给她扎，蓬乱着也能出门。"

"那老师为什么说她不学习，爱臭美？"

"有两件事，一次是上游泳课回来，老师说不扎头发不让回教室。其他的孩子都回教室了，老师去洗手间看到她还在用水蘸着梳头。老师把她拉进教室批评了她，说她爱臭美，梳头还用水。其实，我知道她不是臭美，用水是跟我学的，我每次都是用水给她扎头发，她自己很少扎，大概那是仓促之间扎不起来，耽误了回教室。还有一次，她的校服洗了没干，我就给她穿了一件和校服相同颜色的衬衫。袖子上的花边弄得她胳膊很痒，上课她就不停地去抓。老师看到了，大声呵斥她不认真听讲，玩弄衣服花边，爱臭美。这两次，孩子回来都哭了。我知道老师冤枉她了，但是咱不能说，人家老师也是为了孩子好。现在好了，孩子一到写作业就坐在桌子边，先梳理头发，摆弄衣服，磨磨叽叽就是不想写。"

"你说老师冤枉她了，但又不敢说，为什么？"

"这是一位名师，经常到处讲课。她要求很严，一切必须按她说的做。举个例子，发下新书，孩子们喜欢用书皮把书包起来，她一律不准买书皮，而让家长用胶带缠起来。那次，他爸爸没在家，我加班，没给她缠，就用书皮包了，结果到了学校又被老师赶回家缠书皮；孩子们做连线题，必须用尺子画一条笔直的线连起来，不用尺子比着画，对了也得 0 分；桌子洞里也必须整整齐齐。这不，前两天开家长会，我女儿又被点名了。简直丢死人了！"

说到这，她无可奈何地笑了。

"为什么点名？"

"老师说出各种不好的表现，让孩子们自己对号入座。其中有学习成绩后退了的，有经常打架、同学关系不好的，有经常请假的……当老师说到谁是我们班最不整洁最邋遢的时候，我女儿高高地举起了手。我坐在她旁边，后背直出汗。一个女孩儿被老师和同学公认为最不讲卫生、最邋遢，更重要的是她自己还高高地举起手，一副不容置疑的样子。你说做家长的丢不丢人！"

"当时你后背出汗，你观察身边的孩子了吗？"我问。

她沉思了一会儿，说："后来我问她为什么举手，她说，老师就是这么说我的，我不举手他们都会看着我。"

这个标签贴得真是让人无语，我越发觉得这个孩子实在可怜。

我叹了口气，她也开始沉思：孩子为什么会变得这样了呢？

"你刚才说那位老师是名师——"

还没等我说完，她就接着说："是啊，很有名，她班里的孩子基本都是关系户，都是托关系送礼进去的。因为她要求很严，她带的班成绩总是第一，比其他班的分数高很多；纪律也最好，各项检查成绩都很高，所以很多人都争着去她的班。"

来做咨询的家长总是用成绩评价老师，看来她也不例外。

"在这位'名师'的班里五年了，你觉得孩子怎么样？"我觉得这是最应该问的问题。

"这不是现在直接不学习了嘛。不学就不学吧，最主要的是，她也不和朋友玩了，很活泼开朗的孩子变得沉默寡言，还经常说'活着没意思'。我很担心，不知道她会怎么样……但是，人家老师是名师，别的孩子都很好，而且班里成绩总是第一。每次开家长会，老师都说，'孩子是一样的孩子，在学校，老师一样教，为什么有好的有差的？就是家长的事。'人家老师说得对啊。"她无奈地说着。

孩子都成这样了，家长依然维护被大家捧起来的"名师"，迷信"名师"的作为，抱怨自己的孩子。我深情地看着她，叹了口气，说："你觉得老师没错，都是孩子不好？"

她沉默了，过了一会儿又接着说："说实在的，我思考了很久，觉得孩子今天这种状态与这位老师的教育方法应该是有关系的。很多家长也觉得这个老师很多时候做得不对，但是又不敢说。大家都知道这个老师最爱听奉承话，所以家长们都极尽所能地捧着她。每次她在家长群里发个东西，家长们立刻就捧上了，'送花'的，'鼓掌'的，说感谢话的……总之，都是赞美。谁不感谢，在家长会上就会被老师点名，说'谁谁的家长一点表示都没有，你都不关心自己的孩子，我们老师凭什么替你管！'并且直接说'家长表达感激的，老师对他的孩子会更上心'。所以，即使她做得不对，家长们谁还敢说！说了会对自己的孩子不好啊！不但不敢说，逢年过节还得给老师意思意思。

"这个学校的老师都这样吗？"我非常吃惊地问。

"不是，听别班的家长说并不是这样。我给她数学老师送，人家就不要。但是这位老师不是名师嘛，成绩最高，管理最严，所以家长们都争着把孩子送她班呢。"

面对家长的这种认识，我实在无语。想到那个本来活泼可爱的孩子，上了五年学，反而变得厌学厌世，用她妈妈的话来说就是死猪不怕开水烫，一种莫名的心痛油然而生。

这是孩子的问题吗？

讽刺挖苦、当众羞辱、乱贴标签、千篇一律的标准件式管理，将孩子的自信、好奇心以及源自生命本能的学习能力和兴趣一点点摧毁殆尽。而这位老师却只因管理严、成绩比别的班高，就被认定为"名师"，并被家长大肆追捧。孩子的天性就是这样被所谓的"名师"扼杀，而家长却心甘情愿地做着帮凶！

对于孩子，对于家长，对于社会，这该是怎样的一种悲哀啊！

看得出，在这种无形的摧残中，这孩子岂止是抗拒作业，分明已经是厌倦学习、厌倦生活。

我长长地叹了一口气，看着她，实在笑不出来，一时竟然语塞，沉默了很久。

她看了看我，突然明白了似的说："李老师，我觉得自己好像错了，达不到老师的要求就总觉得是孩子不好，害怕被老师点名，害怕丢人，就拼命迎合老师强制孩子，却从没考虑孩子的感受。其实孩子更不容易啊，要承受那么多……"说着，她的眼圈红了。

"李老师，孩子马上升六年级了，我是不是应该先给孩子换个温和、能发现孩子优点的班主任，然后，再带孩子来做心理辅导？"

我什么也没说，突然感觉浑身轻松了很多。

她看着我，几乎同时，我们俩会心地笑了。眼前，似乎出现了一个重建自信活泼开朗的美丽女孩！

10

——

寻找让生命燃烧的力量

她的生命本该燃烧，而这个本来美好的生命却遍体鳞伤，那么家庭环境、父母的教育方式以及"学习唯一"的价值导向是不是也该承担一些责任？

被妈妈强制带来的这个女孩和我想象中的完全不一样。

小巧，文静，瓜子脸，丹凤眼，脸上干干净净，齐耳短发黝黑光滑，坐在面前低眉顺眼，让人一看便心生怜爱。

这哪里是妈妈嘴里的那个谁也管不得、谁也管不了的小女汉子！

女孩今年上高二，还有一个月就要升入高三。她从八年级开始迷恋动漫表演，经常出去参加动漫展，从此不能自拔。用她妈妈的话说，就是疯狂到不顾一切，八年级时和九年级时都曾逃过学。

带她来之前，妈妈来过三次，每次都痛哭流涕。第一次哭得最厉害，说得最多的一句话就是："我直接没法活了。"

当时，女孩上高一，被学校赶回家反省，原因是晚自习之后偷偷跑出宿舍和动漫组织的人聚会，被执勤人员查到了。记得那一次，她的妈妈哭得很伤心，说："我们家经济条件不好，她爸爸常年在外，挣个辛苦钱；她爷爷奶奶身体不好，经常看病吃药；她上学也要花钱，我也不得不出去打工挣钱。我们厂里计件发工资，干得多就多发钱，干得少就少发钱。为了多挣点钱，我经常没白没黑地加班，除非家里有事，从来没有休息过。

"她上学都是由爷爷奶奶接送。她小时候很听话、很乖巧，学习成绩也很好，直到上初一都是班里的第一名，邻里乡亲都夸她。不知道怎么回事，她从八年级开始就迷上了动漫，从那以后就不听话了，学习也不认真了，成绩一直下滑。到了高中，成绩下降得更厉害。考高中的时候在班里 12 名，到高二时就滑到了 48 名。一放假就和那些动漫营中的孩子们泡在一起。现在更不好了，还经常逃学，动不动就说自己不想上学了。我们打也打了，骂也骂了，但是，她就是不听！你说啥她也不理你，该干啥干啥。气得我简直不想活了！"

一个不想上学了，一个不想活了，这该是怎样的苦大仇深啊！

今天女孩终于来了，我笑着看了看她，问："你是愿意我们单独聊聊，还是和你妈妈一起？"

"单独。"女孩冲着她妈妈斜了斜眼，一个字也不多说。

妈妈去了另一间办公室。

事情的原委从女孩的角度渐次展开。

"老师，你问吧。"她低着头，冷冷地甩出一句，似乎今天是来交代罪行的。

我笑了笑说："我更想听你说说动漫的事，怎么样？"

她似乎有些意外，疑惑地看了我一眼。

"其实，也没什么，我就是喜欢动漫表演。他们都说我成绩下降了是因为动漫，就死活不让我参加动漫展，还说是那些人把我带坏了。其实我自己知道不是这样的。动漫给了我们很多快乐……"

女孩说着陷入了沉思。

过了一会儿，女孩又接着说："我从小没有快乐，没有童年。从我记事起，就是被关在家里。爸爸在外地做生意不回来，妈妈每天都回来得很晚。一天到晚我自己一个人在家。上学的时候我都是去爷爷奶奶家吃饭；周末，常常一天也不吃饭，等晚上很晚妈妈回来了才吃饭。有时候，妈妈回来我都睡着了。小的时候，我也没有小伙伴，没有朋友，没有玩具，只有舅舅家的姐姐给的一只布娃娃。我每天最喜欢做的就是给布娃娃穿衣服。当然那也不叫衣服，就是盖在娃娃身上的一块布。四五年级以后，放学回家我就帮妈妈洗衣服、做饭。那时候，就是很平淡地过日子，从来没有特别高兴过。我第一次感到兴奋是上八年级的时候。"

说到这儿，她突然抬起头，脸上闪烁着快乐的光芒。

"一次周末，同学说带我去看动漫展。我不知道什么是动漫展，心想就是去玩玩，妈妈也同意了，我就去了。一进去，看到人们穿着各种动漫服，还有一群打扮成芭比娃娃的姑娘，我突然兴奋得不行，感觉心突突地跳，浑身的血液像要沸腾了，脸上火辣辣的。那次表演，我几乎是在目瞪口呆中看完的。回来以后，很长时间不能忘记那场景。后来，我又主动约同学去了两次，每次看完，都有强烈地想去表演的冲动。并且我发现，他们动漫组织的人都非常友好。"

她很陶醉地说着。看得出，是动漫点燃了她生命的火焰。

"后来在他们的劝说下，我也加入了动漫营。在那里，有学哥学姐也有学弟学妹，还有做动漫生意的大人。他们都非常友好，对我特别关心，我也很喜欢他们，更喜欢穿上动漫服表演的那种感觉。每次一穿上动漫服，就有说不出来的放松感，无所顾忌，无所畏惧，整个人都身轻如燕。"

说着说着，她笑了。她笑起来非常好看，弯弯的小眼很迷人。

跟着她一起陶醉了一会儿，我说："看起来，动漫和动漫表演的人都让你体验到了兴奋和快乐。"

"是的，在那里很放松。而一回到生活中，我总是很紧张，小心翼翼的，不敢大声说、大声笑，很压抑。"

说到这里，她的笑容开始冷却。

"也就是说，与现实相比，你更喜欢那里的人和那个环境?"我问。

"是的，非常喜欢。但是，我也知道我毕竟生活在现实中，他们最看重的是我的学习成绩。其实，我的成绩下降并不是因为动漫，更不是那些学哥学姐带坏了我，而是我自己的事，是我故意不学习了。"

她说着，眼眶开始变红了。

"他们非逼着我退出动漫营，说什么'学习才是最重要的，一个人不学习将来什么用都没有'。可是，我不知道，一个人只知道学习而没有一丝快乐，那要这样的日子干什么? 动漫给我带来了快乐，刚开始的那段时间，我也因此学习更有动力。我觉得那才是有血有肉的我，而不是只知道学习的机器。但是，他们天天骂我不务正业，说学习才是唯一的出路。我特别烦，越说我越烦，后来干脆不学了，成绩才下降成这样的。"

"你的意思是说，父母要你只学习，不允许你参加动漫展，并且说'学习是唯一'，这让你很反感，于是你把痛恨都发泄到了学习上?"

"是的，我不理解的是，为什么学习就是唯一?! 就是全部?! 参加动漫就是不务正业，就会影响学习?!"

她越说越愤怒，一副理直气壮的样子。

"不过，我已经退出动漫营了。动漫营的师哥师姐说既然退出了，那就最后一次聚会吧。那天下大雨，本以为老师不会查宿舍的，结果……"

她低下了头，好像很无力很无助。

"你退出动漫营了？"我惊奇地问。

"是的，四年了，真舍不得。动漫给了我很多快乐、很多温暖、很多力量、很多人生的美好……但是，我放弃学习太久，成绩下滑太多了！马上就要高三了，我必须要好好学习。"

她的脸上闪过一丝果决，但只一闪，整个人便又瑟缩起来。

"你是说，在动漫带给的快乐兴奋和现实的学习成绩的提高之间，你选择了放弃动漫，努力学习？"

"嗯，因为我的不成熟和赌气，我的成绩的确受到了很大的影响。面临高考，我必须放弃动漫。"

"我为你做出选择的勇气鼓掌，你真的太厉害了！能果然抉择是一种了不起的能力，不是一般人能做到的。"

我一边说着，内心却闪过一丝不安。她真的是一个了不起的孩子！可是，当她抛开曾经让自己生命绽放的那一段美好的时光而回到现实中的时候，现实的生活又能给她什么呢？她能接受吗？她会不会再一次逃回到动漫中去呢？

"接下来你觉得会有什么困难需要帮助吗？"我赞许地看着她，问道。

"有很多不舍得。昨天晚上我偷偷哭到半夜，我不知道我能不能尽快放下。"她很坦诚地说着，但明显，担心和恐惧又包围了她。她低下头，声音变得越来越小，"我想回教室学习，但是，我不敢和老师说，因为……他说过再也不相信我了！还有就是，我没有朋友，从小就自己玩，这些年我最喜欢一个人玩动漫，很少交朋友。但是，我觉得这样不好，老师，您说我该怎么办？"

　　看来她对问题的认识很清晰、很到位，也很实在。

　　这的确是摆在她面前的困难。

　　"你想回来上课，是家长和老师都希望看到的，那就直接去跟老师说出来吧。你的要求是正当的！你是积极向上的！哪怕遭到拒绝，也不代表你不对。"

　　我欣慰地看着她。

　　"是的，我的要求是正当的。我怕什么呢，我是积极的，我要求上进，拒绝就拒绝……"她似乎是在自言自语，又若有所思。

　　沉默了一小会儿，她又抬头看了看我，灿烂地笑了。

　　"你既然做出了新的选择，相信你会全身心投入进去，会有勇气坚守到底，以事实证明自己的优秀，而不会在意别人说什么。就像你当初迷恋动漫一样，对吧？"

　　我微笑着，注视着她的眼睛和表情。

　　"对，既然选择了，就要义无反顾。我现在就去找班主任。"她的眼睛一亮，好像悟出了什么。

　　我突然很佩服她的生存意志。她有什么错？当所有人都在指责她的时候，她只不过是在本能地寻求让生命燃烧的力量。她的生命本该燃烧，而这个本来美好的生命却遍体鳞伤，那么家庭环境、父母的教育方式以及学习唯一的价值导向是不是也该承担一些责任？

　　看着她娇小的背影，我内心生出一些感动。唯愿周围的世界给她更多的接纳和温暖。

11

——用自己的生命力去迎接挑战

我们每个人都是宇宙能量的独特彰显，都是充满力量的。只是，有时候，我们的力量被来自外部的贬低、打压削弱了，从而让自己变得弱小、可怜……

李老师：

　　您好！

　　感谢您的辅导，您让我发现了我自己潜在的能力。您教会了我用自己的生命力去迎接每一次挑战。

　　以前，我的人生仿佛是一只小帆船，风小了，前进得慢；风大了，船就会翻。一次一次"听天由命"，自己仿佛被命运主宰。但是，自从遇到了您，这只帆船变成了轮船，不再靠"风"来前进，自己变成了命运的主宰。从那以后，我不再受别人冷言冷语的影响，开始劈波斩浪、"直捣黄龙"。可是，前进的路上遇到了"敌人"——"三模"和那些同学，他们向我这只轮船疯狂地"进攻"，以至于我几乎要崩溃。但是，您又一次一次地教我要用全部的生命力去迎接挑战。这一次，轮船变成了战舰。这艘战舰为我打败了一切"敌人"，让我在海洋中飞速前行，为我战胜高考创造了条件。

　　今天，高考成绩出来了，我考出了以前从来没敢想过的分数！我终于能上大学了！

　　这对我来说是一个新的起点，在这新起点上，我会谨记您的辅导，继续用我的生命力去战斗。

　　再一次向您表示感谢！

此致

敬礼

×××

2018 年 6 月 24 日

这是那个可爱的大男孩儿刚刚发来的邮件。

看着这封简短的感谢信，我由衷地高兴，一是为他，一是为那次看似奇迹般的咨询。

那是 2018 年 4 月 30 日，在朋友的一再请求下，我接待了这个还有 37 天就要再次高考的复读的男孩儿。

那天下午，是妈妈陪他一起来的。这位妈妈很健谈，还没进门就开始说："老师，这个孩子害怕考试，现在直接没有办法正常考试了，一考试就紧张得浑身哆嗦，笔都拿不住，双手肌肉痉挛。"妈妈边说着边走到沙发前坐下。

我看了看这母子俩。母亲很随和，始终微笑着，但说话急促，透着她的焦急。男孩高高的个子，面庞白皙，干净整洁的穿着显示着家庭条件的优越；瘦瘦的脸上一双眼睛不停地眨动着，紧紧地盯着妈妈的脸，透着单纯，也流露着丝丝羞怯和恐惧，加上小心翼翼的动作，整个人看上去萎缩，又像只受了惊吓的小鹿。这极弱的气场与他一米八多的男子汉躯体很不匹配。

我只是笑了笑。

妈妈接着说："这个孩子今年是第二次参加高考，他是音乐特长生。专业课学得非常好，去年拿了 4 所大学的专业录取证，但是文化课成绩太差，去年提档线是 318 分，他只考了 260 分，所有的录取证都白费了，只好复读。今年又拿到 5 所学校的专业录取证，可是，文化课成绩还是很差，复读一年，一直考 200 多分，最近'二模'考试，考了 286 分。眼看就要高考了，还从没考到 300 分，这肯定过不了提档线，看来今年又考不上大学了。"妈妈越说语速越快，"更要命的是，他现在害怕考试，一提考试就肌肉紧张、浑身紧绷，一副很难受的样子，整天吃不好，也睡不好。我找了很多朋友和他聊，他的老师也都找了，不论怎么聊都不管用，他就是一直说自己很紧张。还有一个月就高考了，怎么办呢？"

妈妈说着，几次起身，着急得像是坐不住的样子。

不等我说什么，她又接着说："李老师，他本来是个很好的孩子，除了学习，我真的以他为骄傲。到了今天这个状态，和我有直接关系。同事都说我管得太严了，我想了想也是。我和他爸爸都当老师，在一所学校。我自己很上进，所教的班，成绩总是第一，从来没考过第二。自己的孩子学习不好，总觉得不应该，也接受不了。从他小时候，考不好就打他，他爸爸脾气更坏，也打也骂，结果越打越差。班里很多学生都说，他不配做我的孩子，我心里很难受。他从小很听话，现在这种胆小大概也是被我们打的。是我不好，不懂教育，很好的孩子被我害了。"

妈妈说这些时，看着儿子的脸，有道歉的意思。儿子两眼直直地盯着妈妈，脸上挂着浅浅的笑，依然是那种很胆怯的样子。

"你说，从小考不好就打骂，还记得最后一次打他是什么时候吗？"我打断她的话。

"大概是上九年级吧？"妈妈看了看他，似乎询问又似乎征求地说。

"应该是八年级吧？"

他说话了，两眼盯着妈妈的脸，有些羞怯，但依然浅浅地笑着，似乎是在讨论别人家孩子的事情。那份轻松和淡定很让人诧异。

"我们单独聊聊可以吗？"

感觉妈妈把基本情况说得差不多了，看到他开始说话，我不失时机地问了一句，然后微笑着等待他的反应。

他犹豫了一下，回头羞怯地看着妈妈，应该是在征求意见，感觉像是小孩子要牵住妈妈的衣角。妈妈鼓励地点了点头，他这才回头对我说："可以。"然后收住了笑容，似乎下了很大的决心。

妈妈去了另一个办公室等待，这里只剩下了我们两个人。他端正了一下坐姿，等着我的问话。

我笑了笑，说："刚才你妈妈说这些的时候，你的感觉是什么？"

"我觉得她说的都对。"他两手交叉起来，使劲搓着，看起来有些紧张，但脸上仍然挂着微笑。

"你对从小你爸爸妈妈因为学习成绩不好打你骂你，怎么看？"

"我觉得他们对，他们是为了我好。我从小学习不好，有时候不愿意学习，考试考得很烂，他们打我是为了让我长记性。"他很平淡地说着。

"挨打的时候，尤其长大到上八年级了，你有没有反抗过？"

"小的时候从来不反抗，只是很害怕。是我错了，他们是为了我好，所以他们说什么我都听着，我也不愿意让他们生气。但就是八年级的那次，妈妈打我，我火了。但是，今天让我没想到的是，妈妈承认自己不对了，并且说我很优秀。她从来没有这样夸过我。"

他收敛了笑容，很疑惑又很吃惊地瞪着眼睛看着我，似乎突然捡到了一个传世之宝，拿在手上不知所措。

"我的专业课学得很好，别的老师都夸奖我。我多么希望爸爸妈妈也夸夸我，可是妈妈从来没有表扬过我一句。有一次，我去排练，上场太急了，没唱好，妈妈当着全体同学和老师就骂我，说我没出息。我当时就哭了，躲进旁边的小屋里一直哭，不出来。是老师把我拉出来的，接着又重新唱了一边，唱得很好，妈妈却什么也没说。

"我不愿意让妈妈伤心，于是想努力做好，可是，我就是考不好，而且很不愿意学习，因为上课听不懂。"

他的眼圈红了，继而眼泪滚滚而下。

"在学校里，我总是被欺负，那些孩子总是欺负我。"他一边说，一边啜泣起来。

"被欺负？谁？怎么欺负你的？"

长得这么高大，爸爸妈妈又都是这所学校的老师，谁敢欺负他呢？我非常疑惑地问。

"就是班里的同学，他们总是嘲笑我，说我学习不好，说我笨。我懒得理他们。可他们抽掉我的凳子，让我坐空；有时他们在我凳子上抹上胶水；等等。"

他边哭边说。

"他们欺负你的时候，你反抗过吗？"我问。

"我不反抗，不想惹麻烦。虽然很生气，但是，每次都忍了。他们就变本加厉地欺负我。直到有一次，他们剪断了我的书包带。直接把我的书包带给剪断了，你知道吗，老师，那是妈妈给我新买的书包。我特别生气，发火了。"

他抽抽搭搭地哭泣，完全不像是一个高大的男生，而像是一个受了很大委屈的小男孩儿。

我递给他纸巾，鼓励地看着他，心想，这个被压抑的生命总算爆发了。

"当时，你是怎么做的?"

"我一下子站了起来……但站了一会儿，又坐下了。我听到他们在窃笑。那时，我很伤心，很痛苦，很无助。我趴在桌子上哭了。"

他哭得更厉害了。

等他哭了一会儿，我接下来继续问："告诉我，现在你的感觉。"

"我感觉很无力。我很无能，没有一点信心，很害怕考试，非常非常害怕，害怕考不好对不起妈妈。我不愿意让妈妈伤心。从小我就非常听她的话，什么事都是她说了算，长这么大，我的发型、衣服都是她说了算。她让我穿什么我就穿什么，我自己喜欢的她从来不让买。只有去年过年，她很忙，让我自己去商场买衣服。当时我特别高兴，但是，没想到，到了那里，心里完全没有底，自己不敢选，不断地给妈妈发图片，但是意见不一，最后还是空着手回来了。我很没有自信。"

他一边说，一边不停地擦眼泪。

我终于明白了。

虽然，他诉说的这些事情很琐碎，看起来距离高考十万八千里，但是，我非常欣慰，因为解决问题的枢纽就埋藏在这些琐碎里。

等他稍稍平静了，我说："现在你的感觉怎么样?"

"感觉轻松了一些。"他长长地出了一口气，坐直了身子说。

"来，我们回忆一下你曾经的感觉。你说，同学剪断你书包带的时候，你愤怒了，一下子站起来了! 那一刻是什么感觉?"

他怔了一下说："当时特别愤怒，一下子站起来了……感觉很男人！但是接着……"

"不要往后想，就是站起来的那一刻。"我打断他。

"那一刻，感觉很男人，豁出去的感觉，什么都不怕。"

他开始神气起来。

我赞许地点了点头，说："那一刻，你感觉到了自己很男人的那种力量，是吗？"

"是的。"他答应着。

看得出，他又找到了那短暂的、片刻冲动的力量感。

不容他往后想，我又接着说："你说在八年级的时候，妈妈打你，你火了。还记得当时的感觉吗？"

我期待地望着他，并点头鼓励他积极回忆。

"当时，我就大声地吼出来了，说：'我已经努力了，你还要怎么样！'"

他的声音突然很大，差点儿吓我一跳。

我笑了笑："对，就是这样，想一想你大声吼出来时的感觉。"

"爽！特别爽！很放松，感觉自己一下子很有力量！"

他有点兴奋了，脸色潮红，身子往前靠了靠，微笑着说。

"你是说，当时，你体验到了你是很有力量的，是吗？"我进一步重复。

"是，那种感觉很有力量，很爽！"说着，他的两手攥了起来，沉浸在这种力量中。

"你两次体验到的是你本来就具有的生命的力量，你知道吗？"我笑着对他说。

他突然回过神来，瞪大了眼睛看着我："是我本来具有的生命的力量？我本来就有的？"

他充满稚气的脸上，有一丝疑惑，但看得出，更多的是惊喜。

"是的，你的生命是有力量的！我们每个人都是宇宙能量的独特彰显，都是充满了力量的。你也是！只是，有时候，我们的力量被来自外部的贬低、嘲笑、辱骂、指责、羞辱、打压削弱了，埋没了，尘封了，以至于我们远离了自己生命的力量，却对外面的世界充满了恐惧，从而让自己变得弱小、可怜，甚至没有了自信……"

他瞪大眼睛听着，一边不停地点头。

"你要用自己生命的力量去战斗！高考只不过是你人生的一次挑战而已，不是给父母考的，也不是给别人看的，而是检验你生命的力量的。你要用你的生命力去迎接战斗。"

他激动了，握紧了双拳，两眼炯炯有神。

"老师，我懂了。我的生命是有力量的！我要用生命的力量去战斗！高考，你来吧，我不怕！"

看得出，他年轻的生命的力量终于被唤醒了。

当天晚上，朋友告诉我，她妈妈说这个孩子从来没有这样兴奋过。回来的路上把我讲给他的焦虑曲线、人的潜能、成绩波浪线等等都说给妈妈听，并且说感受到了自己生命的能量。

四天后考试，考了 330 分；

5 月中旬考了 405 分；

5 月 26 日"三模"考试成绩公布，376 分。

"三模"考试结束，他又来和我聊了一个小时，同样充满了力量，回去的时候和妈妈说，看到高考用的文具很想大笑。

其间，又通电话一次。

高考前三天，我让他妈妈给他带去一张能量卡，是我专门写给他的。

高考成绩一公布，356 分！

他的妈妈兴奋报喜的同时，他的感谢信也如期而至。

其实，对他来说，这岂止是高考的胜利，分明是生命能量的唤醒，是人生状态的改变！

扫码听本集

12

——你是你自己的救主

　　你的生命是有力量的。你不要忽视了自己的能量，不要看轻了自己的存在，更不要一味打压、否定自己，而无限夸大困难和痛苦！

安静的校园大树蓊郁，绿草如茵。课间操时间，随着音乐响起，孩子们冲出教室，整个校园立刻欢腾起来。

站在楼上看，活泼的身影布满了教室旁的小广场，打闹嬉笑声飘荡在大树之巅，青春的气息充满了校园，满眼是一片成长的欣欣向荣。

三个月前，他也是这欢快成长人群中的一员。然而，昨天，就在昨天，也是这个时间，他来到了咨询室，与外面生龙活虎的孩子们构成了一幅极不协调的画面：病树前头万木春。

而他，就是那棵病树。

他是高一某班的一个男孩儿，一米六左右的个子，微胖；大大的黑色口罩遮住了几乎整张脸；头发稍长，盖到眼睛；一身黑色运动服裹住蜷缩的身体，两手插在口袋里，几乎是被妈妈推搡着进门来的。

妈妈脸上挂着勉强的微笑，看得出是对老师的礼貌，也是对儿子的讨好，同时也流露出一丝胜利的快慰：自己终于把儿子带出来了。

三天前，这位妈妈是自己过来的，说："我儿子现在拒绝见人。自从三个月前不进学校了，就再也不肯见人。周一到周五一直躲在家里，哪里都不去。迫不得已有事要出去，就选在周末，并穿戴严实，戴上口罩。总之，就是不要让人认出是他。"

"关于上学，他是怎么说的？"我问。

"他从来不说不上学。刚开始的时候，一到下午他就会说'明天去上学'，可是到了第二天早上就不起床了，怎么叫也不起来。现在，早上喊他起床，他就把耳朵堵住，随便你怎么喊，也不回应。"

说到这里，妈妈一副很生气又很无助的样子。

"如果他真的不想上学了，也就无所谓了。现在这个社会干啥吃不上饭？我们也曾经多次跟他说，你不上学就去打工吧，或者去劳务市场干活，或者去学一门手艺，修理汽车啊，美发啊，都行。可是他不干啊，死活不干，说自己非要上学，还说要考上海的某所大学……去上海上大学是他从小的梦想，但关键是他天天说上学，可就是不去。我们打也打了骂也骂了，真的是没办法了。这个孩子从小没少挨打。"说着，她的眼圈红了。

"最近一次，也是头一天说得好好的，第二天早上到时间了又不去了。他爸爸火得很厉害，狠狠地揍了他，用腰带抽他，可他不是小的时候了，开始还手了。虽然只是抵挡，但他这么大了，一推就把他爸爸推出老远，气得他爸爸把电视都砸烂了。还有一次，都到学校门口了，他死活就是不下车，让老师和同学来叫，也不下车。爸爸把他从车上拖下来又打了一顿，但不管用啊！现在感觉打也打不了了，一是他不怕打，再就是他一还手就打不着他。他爸爸出差，我就更治不了他了，只能好好跟他说，这样哄那样哄，他也算听话。我送他弟弟去幼儿园，他就站在窗户边上看，看他那个样子，应该是很愿意去上学的。他奶奶也说：'这个孩子其实很愿意上学，你看他每天都在念叨学校的事，还经常去看看学校的大门，挺可怜的。'他的叔叔也开导他，姑姑也教育他，能找的亲戚都找了，但谁说也不管用。到现在都不敢再找人了，只要一有人来，他就直接和你急。"

接待的咨询者中，厌学的孩子很多。从妈妈的叙述来看，在基本分类上，他属于想上学但是又没有勇气走进学校的那种。

"他在家里有没有什么过激的行为？"我问。

"经常无缘无故地发火。一发起火来很吓人，瞪着眼睛嗷嗷叫，都感觉不是他了，像变了个孩子似的。"

妈妈瞪大了眼睛，忙不迭地接话说。

"有一次，我说了他两句，他不高兴了，倒是没冲我发火，只是使劲地砸暖气片，用头去碰，用脚去踢，那样子很吓人，吓得我什么也不敢说了！一会儿暖气漏了，水淌了一地，他不但不着急收拾，还很反常地一下子躺到地上的水里，四仰八叉很无力的样子。过了很久，说'活着没用，给父母丢脸，不如死了，把命还给你们'。这话他不止说过一次了。"

诉说这些的时候，妈妈的脸色变得灰暗，充满了恐惧。

"他从什么时候开始不想上学的？"我打断她的诉说，问。

"从小我对他要求很严，写作业只要写不好我就揍他。他也很听话，总是认真改，我说什么是什么。一直到初中二年级还很听话，但初三那年，他就不听了。有一次年终考试，他考得很差，我给了他一巴掌，他回头冲我大吼：'你能不能不打脸？'我吓了一跳，因为他从来没有那样吼过。那次他说'家长打，老师骂，大不了不上学了'。为这句话，我又狠狠收拾了他一顿，他也就没再提。但是九年级时，他开始经常请假，三天两头胃疼啦，发烧啦。他也不是装的，胃疼起来就出汗，发烧的时候，用体温表一量经常到 38.5℃。在班里成绩本来每次都前十名，一年下来，经常耽误学习，结果勉强考上了高中。

自从他上了高中，我就再也没见他笑过。记得春节前要考试时，他说在学校待不下去了。我们都认为要考试了，学习压力大，紧张是自然的。春节放了假很好，也帮忙照看弟弟，做点家务。可是，一开学后就又拉着个脸，没多久就不去上学了，死活不去了。"

妈妈的叙说非常详细具体。虽然她找不到原因，但是事实已经说明，孩子内心是痛苦的。他之所以不去上学，无非是在逃避那种谁也不知道的痛苦。

我清楚，这种情况下，孩子是不会轻易来见心理老师的。正确的思路应当是心理老师先指导给家长方法，通过家长引导孩子来咨询室，然后从专业的角度帮助孩子发现内心的纠结和痛苦。

妈妈非常配合，将我的指导意见发挥得非常到位，回家第三天就打电话说孩子80%同意来咨询室了。又过了不久，就是在昨天，便带着儿子来了。

把儿子推进来，简单地介绍了两句，妈妈就去了隔壁办公室。

他坐好之后，这才摘掉口罩。

16岁了，看上去还很稚嫩。满脸童真，应该讨人喜欢，但却蒙上了一层阴冷肃杀的霜，与这个年龄和面容极不协调，显示出一种沉重的扭曲。

我微笑着看他整理好自己，等他坐稳了，问："今天过来想说点什么呢?"

"老师，你真的有办法帮助我解除痛苦吗?"他开口了，蹙着眉，攥着手，用急迫又恳切的眼神望着我。

我笑了笑，很坚定地看着他，说："其实，我只要在这里，你就是你自己的救主。"

"我？我能救自己？"他很吃惊地看着我。

"说说那个痛苦是什么样子吧。"我仍然很坚定地微笑着看着他。

"老师，我其实很愿意上学，也很渴望考上好大学能光宗耀祖，所以，从小就很认真学习。但是上七年级的时候，妈妈生了我弟弟，一家人都特别喜欢弟弟。看到他们和弟弟在一起那么开心，我感觉自己简直就是多余的。妈妈对我脾气很暴躁，记得有一次我没考好，妈妈就冲我发疯一样吼叫，并打我，可是一回头就对弟弟笑着叫'宝贝'。那次我非常伤心！我想我这么多余，还学习干啥啊！从那以后，上课经常走神儿，成绩下降得很快，班主任也开始经常批评我。一次上自习课，我实在学不下去了，就在本子上乱画。我也不知道自己为什么竟然画了一个女人，班主任从后面走进教室，看见了，一下子抓过我的练习本，大声训斥我，并举起来给同学们看，结果惹来一阵哄笑。从那时起，一上自习课我就害怕，总感觉有人会突然来到我身边。班里的同学也取笑我，说我单相思什么的，从此我再也不愿意看见他们。"他说着，不停地看看我，似乎不知道该从哪里说起。

"你能说说，当痛苦来了的时候，是个什么样子吗？"我轻轻地问。

"老师……"他欲言又止，叹了口气，低下了头。

我温和地看着他，陪伴他沉默了一会儿。

"说实话，痛苦的时候，我自己都不想活了。有很多次，我到窗户那里都看好了跳下去的位置。"他抬起头，很无奈地笑了笑，说完这句，看着我，一脸无所谓的样子。

我点了点头，表示理解。

"那么大的痛苦，以至于生命都可以不要，你是怎么挺过来的？"

他突然愣了一下，疑惑地看了看我，显然对我的问题是没有丝毫准备的；然后低下头，沉默了。

"我什么也没有做。"过了一会儿，他低声说。

"现在你就坐在这里，很温暖，很安全，没有风没有雨，也没有任何危险，你在和老师聊天。"我轻轻地说着。

"老师，现在我感觉很轻松，从来没这么轻松舒服过。"他打断我，"刚才你问我是怎么挺过来的，是啊，我是怎么过来的？老师你知道吗，这半年，我在教室里直接就坐不住，莫名其妙地烦躁、压抑，想哭又哭不出来。我恨自己，恨自己现在这个样子。有时候，我请假回家就很舒服，再回教室的时候，就会特别压抑，特别烦。我也不知道为什么，恨不得把自己蒙起来，让谁都看不见我。"

说着，他开始烦躁起来，蹙眉，搓手。

"那时，我感觉自己很无能、很无力、很多余。我想好好学习，可是又做不到。我没有一点能力改变这种状况，我很没用。"

"你说你经常这样，每次你是怎么挺过来的？"

再一次沉默。

他胳膊肘撑在膝盖上，双手托住额头，沉思了一会儿，说："我不知道以前是怎么挺过来的。可春节过后不久，我实在受不了了。那种感觉会让我发疯的，我再也不想走进教室。只要进到教室，就非常害怕那种压抑感，而走出校门就浑身轻松了。我知道我应该上学，可是我没办法走进学校。其实，我现在在家里也很难受。"

"你的意思是说，以前你都过来了，但是你不知道是怎么过来的。最后一次，你选择了逃避，回到家里。可是逃到现在，你又感觉到在家也不好受，是吗？"

"是的，我受够了。我想像以前一样，像小学的时候一样上学。我妈妈说，你有办法帮我。老师，你真的能帮助我吗？"

他这么说，我知道他还没明白我的意思，也没领会我的意图。

"当你在教室里痛苦压抑的时候，当你烦躁得不想活的时候，是谁帮你挺过来的？"我看着他，笑了笑。

"我自己啊。"他不解地看着我。

"是啊，你自己！你才是你自己的救主，永远是这样。你的生命是有力量的。你不要忽视了自己的能量，不要看轻了自己的存在，更不要一味打压否定自己而无限夸大困难和痛苦！你是可以挺过来的。请审视一下在痛苦中的你自己，他是多么坚强，多么值得信赖，多么应该受到奖赏……"

我温和地看着他，就像在欣赏一幅绝美的生命画卷，不由自主地轻轻诉说着他该得到的赞赏。

他哭了，由流泪到啜泣，直到呜呜地哭出声来。

似乎是被感染，又似乎是撕开了自己最后一道防线，长期以来由痛苦、烦恼、纠结、压抑凝固起来的坚实壁垒突然崩塌，于是，一切涣然冰释。

他的哭声和着我的话语，是一曲多么美妙和谐的交响乐啊！停留在这和谐里，生命的力量将会自然而然地滋生。

我温和而坚定地看着他。

就这样，过了一些时候，他终于擦干了眼泪，羞涩地冲我笑了笑，长长地出了一口气，说："老师，你说得对，我的生命是有力量的，我是值得信赖的，我是我自己的救主！是的，没人能帮得了我，我是得回去好好理一理了。"

　　他走了，但我的心并没有放下。

　　近两个小时的陪伴，只是让他在迷雾中找到了方向，在黑暗中看到了曙光，但这个生命深层的痛苦和压抑要想真正消除，还需要很长时间很多力量的支持。

　　今天，又到了这个时间。随着心绪眺望校园，不知表面欢腾的孩子们，是否还有被阴影笼罩的个别心灵。

13

——妈妈，请还我做人的权利

她越说越委屈，开始啜泣起来。"好了，好了，都是为了我。"儿子突然昂起头，像斗鸡一样，大声喊起来，近乎歇斯底里。

这个咨询是关于儿子的，但来与我见面的多数时候是妈妈。妈妈很能说。每次数落儿子的情况，都能让人感受到这位妈妈的辛苦和不易，借由她的描述，也能想象出儿子的没出息和不懂事。

但是，后来和孩子的一次见面，却颠覆了这种表面的认知，验证了我的判断。

记得第一次见到这位妈妈是在去年冬天。她是一位初中教师，形象很符合教师的身份：干净，整洁，知性，利落；白皙的面庞略施粉黛，乌黑的长发一丝不乱，一副黑色大框眼镜挡不住重重的黑眼圈，看上去娇弱又憔悴；说话慢条斯理，普通话标准流利；每次只要一开口，说完之前，就不会给别人插话的机会。她说："儿子本该研究生毕业了，可是一年半竟然没去上学；现在在家里，天天抱着手机和平板电脑，不出卧室；吃饭都得叫很多遍，还不敢大声，喊急了他就把门一关，不出来；我们上班去了，他自己便叫外卖；什么人也不见，爷爷奶奶和姥姥姥爷家以及任何亲戚家一概不去，也不让亲戚朋友来我们家；万一家里来人了，他就躲进房间不出来，也不让我们说他在家，过年都不见人；头发很长了也不去理，迫不得已了才戴上口罩出去剪发；今年25岁了，学不上了，工作也不找，整天待在家里。别人家的孩子都找对象了，他这个样子，愁死人了，简直不知道该怎么办！道理该说的也都说了，可他就是不听，就这个样子赖在家里。有时候，想想没有念头了，我也活够了……"

据我所知，孩子发展到把自己完全封闭起来的不在少数，但是这些孩子并不是从小就不听话。这位妈妈的孩子也是这样。正如她所说："儿子小时候不是这样的，可听话了。从小读书识字很多，学习成绩很好，从一年级到九年级一直当班长；上了高中不当班长了，就当学习委员、课代表，学习成绩一直是年级第一。他的老师都和我很熟，一直把他当清华北大苗子培养。后来高考虽然没考上清华北大，但也上了××大学，亲朋好友领导同事谁不羡慕我们养了个好儿子！"

每次说到这些，是这位妈妈最开心的时候，总能流露出埋在心底的一丝高兴。但是，那片刻的高兴总抵挡不住浓浓的忧伤。

"可自从上了大学，就完全不一样了。他开始贪玩，开始迷恋手机和电脑，大学四年竟然有三个学期挂科。为这，我没少揍他。大四的时候，因担心他迷恋手机，耽误学业，我就请了半年假去陪读，盯了他半年，他好歹考上了研究生。本以为可以放心了，工作都替他物色好了，也有人给他介绍对象，谁想到，快毕业了，他死活不去上学了！我们打也打了，骂也骂了，都不管用。现在越来越糟糕，说得不好听点，他每天就像老鼠一样窝在家里不见人。"

长期的折磨已经让这位妈妈看起来精疲力尽，说这些话时也要大喘气，身体虚弱得很。

"从他上了大学，我就没睡过囫囵觉。担心他第一次住宿舍睡不好，担心他晚上盖不好被子着凉，担心他吃不惯食堂的饭菜。每天晚上我都得给他打电话，直到听到他的声音才能放心。现在，他在家里更折磨人。他赌气不吃饭，我也跟着吃不下饭，再加上生气，现在我的胃经常疼，吃了很多药调理，又到了更年期，出汗多，也容易暴躁。这一阵子，我真的活不下去了，李老师!"

说到自己的身体状况，她开始抽抽搭搭地哭了起来，委屈的泪水止不住，整个人越发显得弱小可怜。

结束时，按照计划，我给了她一些建议：一是让她注意自身的调整和改变，二是改善家庭关系，最重要的是让她把孩子带到咨询室来。她是非常聪明的妈妈，配合得很好，咨询方案落实得很到位。

大概是第四次吧，她就把儿子带来了。正是这次见面，让我对孩子有了新的判断。

这是一个高个子的男生，一米八五左右，偏瘦，白皙的下巴上有稀拉拉几根绒绒的胡须，眼睛里透着一些单纯，像没过变声期的大男孩儿；略微弯腰驼背，看上去很虚弱，像未经风雨的豆芽菜。进门后，他就一直紧贴着妈妈身边站着。我招呼他坐下，但他只是微微笑着，低着头，连看都没看我一眼。

他的妈妈想要开口，但我没有回应，只是看着他说："看看小伙子今天有什么想说的。"

他依然不说话。

见他无动于衷，妈妈推了推他，说："老师问你呢，说说吧。"

他在沙发上挪动了一下，靠到了妈妈身边，说："你说。"

妈妈无奈地笑了笑，说："这个孩子，小的时候很爱说话，长得又白，我们经常当姑娘打扮他；又懂事又会说，一家人都喜欢他。直到现在，他自己也不会买衣服，款式、颜色都是我替他选。我买的衣服他都看中了。"

"看不中也得穿。"

他突然打断妈妈的话，插了一句。

我立刻把目光转向他，微笑着等他继续说。可他却低着头用手捅了捅妈妈，示意她继续说下去。

妈妈也有些诧异："你啥时候看不中了？"

听妈妈这么一讲，他一句话也不说了。

"其实，不仅是衣服，发型也是。他从小就不像一些孩子那样留奇形怪状的发型。他一直是小平头，除了很小的时候，我给他留过小辫。"

妈妈爱恋地看着他，满心得意。

我看了看他的发型，的确很正统，没有一点年轻人的时髦元素。

"你喜欢现在的发型吗？"我问。

"无所谓。"过了一会儿他又补充了一句，"不喜欢又能怎么样？"

"你也从来没有说过你不喜欢啊！"妈妈有点急，"从小给他买什么衣服他就穿什么，不让他做的事就不做。不让他胡乱吃东西，不让他吃反季节的水果，让他吃什么就吃什么；不让他吃冰激凌，他从来也不乱要。不是强制他，而是他自己根本就不要。说管得严吧，也就是在学习上管得严。打他基本上也是为了学习，有时候考差了，有时候作业没做好……但从没因别的方面打他。"

他抬了抬头，斜了斜眼，有点不服。

"妈妈说这些的时候，你什么感觉？"我适时地插问了一句。

"没有感觉，反正都是她对。"他冷冷地说。

"妈妈说，你从小很听话，喜欢她为你安排好的一切，听到这些，你的感觉是什么？"看他在沉思，我继续追问。

"无所谓。反正这也不让那也不让，什么事都是她说了算。"

他开始流畅地表达自己。

"什么事不是先问问你，征得你同意了，我们才做？就是吃个饭不是也先问问你想吃什么菜，出去旅游也先问问你去哪里，走个亲戚也先问问你愿意不愿意……"

妈妈对他的话很不满意，连珠炮似的反击。

"妈妈刚才说的这些，你的感受是什么？"等妈妈数落完，我回过头看着他问。

"你看她那个样子，"他有些愤怒了，"她从来就不让我说话。我一说，她就那个样子。什么也不让做，什么都得听她的。出去吃个饭，点菜，不管我点了什么，她不是说这个没有营养，就是说那个太辣伤嗓子，最后还得她点菜。什么事都是这样，说是问我，其实我说了也没用，最后还得听她的。就算是交朋友，也得听她的意见。从小，不让我和这个玩，不让和那个玩，说这个不学习，说那个有坏习惯，怕人家带坏了我。总之，只有她选出来的人，我们才能交朋友。所以，我没朋友。初中的时候，人家都不和我玩，说害怕我妈妈，说我除了学习啥都不会。那时候，我看起来光鲜亮丽，其实，内心非常孤独。学习好有什么用啊！好不容易上了大学，她每天都问我和谁在一起，干什么了……我能干什么！刚上大学的时候，我经常被嘲笑，因为我不知道洗衣机怎么用，不知道逛超市怎么付钱，不知道鞋脏了怎么刷，不知道怎么铺床……因为直到上高中的时候，我还和她一起睡，她说是害怕我晚上蹬被子。很多事我都不知道怎么做，甚至每一件事，我都得问问她才能决定，包括我的钱是放在银行卡里，还是放在校园卡里。我最不能理解的是，上大三的时候，一个女同学给我发了几次短信，她竟然找人家聊了三次，说害怕我谈恋爱，耽误了学习。"

他一口气不停地说着，妈妈一边听着，一边吃惊地睁大了眼睛。大概是第一次听到儿子这么说话，妈妈难以置信地看着他，就像不认识眼前这个孩子一样。

突然，他似乎意识到了什么，停止了诉说。

"听到刚才这些，你的感受是什么?"我转向错愕中的妈妈。

她流泪了，低下头说："我还不都是为了你好，没想到你竟然这么不满意! 从小到大，拿在手里怕掉了，含在嘴里怕化了，尽量给你最好的条件，给你最优良的成长环境，我为了啥……"

她越说越委屈，开始啜泣起来。

"好了，好了，都是为了我。"儿子突然昂起头，像斗鸡一样，大声喊起来，近乎歇斯底里。喊完，一下子站了起来，大踏步走出了咨询室。

她停止了哭泣，没等我说话，便着急地说："不行，他不知道路，我得看看他去哪里了。李老师，不好意思。"说着，她胡乱擦了擦眼泪，着急地追出去了。

看着她的背影，那个看上去孱弱的儿子愤怒的喊声依然在耳旁回响。那分明是抗争，是反叛，是对自由的渴望，是生命力量的爆发，是一个男孩要摆脱束缚成长为男人的挣扎! 这愤怒的呐喊，是在要求妈妈放手，还他做男人，尤其是做正常人的权利!

咨询似乎不欢而散，但是，我却无限欣喜。

相信他们还会再来的。接下来，咨询将有实质性的进展。因为，有力量出现，就会有转变发生。

但当我眼前忽然又一次闪过儿子那"愤怒"的样子，耳边又一次响起儿子"愤怒"的控诉时，内心却生发出了无限的悲哀。

"学习好有什么用啊……"在很多人看来，学习好了，上了名牌大学，读了研究生，当然就是成功者，但正如儿子所"控诉"的那样，如果成绩好的最后结果是"很多事不知道怎么做……"，不像是一个正常人，那么，这样的成功又有什么意义呢？

我为这位妈妈感到悲哀，更为这种"妈妈——保姆式"的教育感到悲哀。

14
——给孩子一只伸过来的手

孩子的成长也是这样。老师和家长所能做的就是在孩子需要的时候及时向他们伸出一只手，而少一些扭曲和添加。

小区院里的樱花开了，树连着树，花挨着花，一簇一簇很热闹。

好久没在院子里走走了，今晨，雨后的空气格外清新，我忍不住伸展躯体，练起瑜伽。伴着阵阵花香，和着大自然的韵律，身心合一，物我两忘，任凭慢跑的人们从身边来来去去，喜悦从内心无边的宁静中升腾。

"死了！从 11 楼跳下来的。"

"为啥?!"

"不知道，听说女孩是高三实验班的，妈妈当老师……"

两个女人的对话，声音不大，但如雷贯耳！我停下动作，循声望去，只见跑步的身影渐远，什么也听不到了。

悲剧就发生在身边，心中突然感觉非常沉痛。

坐在长椅上，我陷入了沉思。

其实，自杀不用问为啥，能说出来的都不是问题，自然也就不会自杀；只有痛苦积累到无法自拔，才会有勇气去面对自杀。每一个自杀行为都绝非偶然，也不是碰巧，相反，都是曾经在心中经历了无数次的预演。

我们都会为逝者惋惜、心痛，可是很少有人会关注那些正在心中预演着自杀的苟活者，只要没有跳，他们就必须在痛苦中煎熬。

想到这，我又开始担心昨天的一个咨询者。也是个女孩，在高三实验班，妈妈也是当老师。

"老师，我实在不想活了，没有活下去的意思了。"

这个女孩我就见过这一次。她说的话不多，但这句话却深深地扎进了我的心里。

之前，她的妈妈来过多次。第一次诉说时间很长，记得我几乎要听不下去了，可她的叙述却依然没完没了，非常详细具体。

"我女儿有五个多月不上学了。她上高中以前，学习很好，一直是年级第一名。那年全市选拔100名初中生提前上高中，她是作为我们初中的第一名被选中的。那100名学生被分成两个班，每个班50个孩子。入高中后第一次考试她考了47名，回家就号啕大哭。从那以后，她一学习就紧张，经常抱怨自己不够好，说别的同学都比她聪明，都比她会学习，自己整天为成绩而苦恼。我们劝她，她就烦，说'你们嘴上说我考得怎么样都无所谓，其实心里很在意'，越着急想学好却越学不好，经常一回家就哭。没办法，我们就给她找了心理老师。还好，那段时间她心情好了很多，成绩提高到了12名。可她到了高二，心情又不好了，抱怨同桌转笔影响她，前面同学背书出声、宿舍里舍友打呼噜影响她……反正就是很多事，但是成绩没下降，我们也就没理会她。可我们又害怕她不认真学习，这期间找了很多亲戚朋友和她聊，鼓励她好好学习。就这样，哼哼叽叽地到了高三，学习更紧张了，她的心情也更糟糕，动不动就发脾气。有一次考试前，她烦躁得学不下去，就发脾气。但考完了，成绩还不错，她的心情也就好了很多。我趁机找了她班主任，希望班主任和孩子再聊聊，目的是让她鼓起劲儿来。没想到聊完后，她回家大哭，说班主任说她并不够努力，考了这个成绩是碰巧的，然后就说不去上学了。"

妈妈说到这里，很无助地看了看我，接着又说了下去。

"不上学了，这可怎么办？下午就在家睡了整整一个下午；本想第二天她会去上学，谁知第二天早上还是睡，叫也不起床，一直睡到中午。这个孩子从小觉少，突然这么嗜睡，还说自己快要累死了。看着不对劲，我们赶紧找神婆子看。神婆子就说这个孩子运气不好，烧点纸钱，然后在家躲两天就会好。这样，她就名正言顺地不上学了。可是在家待了一周多，还是疯睡。又找另一个神婆看，说是被'阴人押着'之类的，就又烧纸钱。前后找了三四个神婆，按照她们说的，该做的都做了。她卧室的床换了方向，客厅的沙发也挪了位置，墙上挂上一把宝剑，老家的坟地也重新进行了修整……可她就是不上学。"

"为什么找那么多神婆给她看？"我问。

"为了让她去上学啊。"妈妈瞪着大眼睛说，似乎我的这个问题不该问，"她不上学，功课进度那么快，都落下了。眼看就要高考了，我们心里着急啊！让班主任来叫她，让同学来叫她，凡是能找的人都找了，她就是不去，还发火，说不要让那么多的人知道她不上学。没办法，我们就把书拿回来，让她在家里学习。我每天看着她学，但是她也学不下去。这不，她又开始迷恋手机电视了，真是愁死人了！我只得到处打听办法。碰巧，我的一个同事说她妹妹是得抑郁症自杀的，主动来我们家看看，结果她蓬头垢面不理人家。我同事慌慌张张地跟我说，看孩子的眼神儿和她妹妹一样，提醒我赶紧给孩子治疗。于是我到处打听心理医生，可她不见，说自己没有病。我们只好骗她去。"

骗孩子见心理老师的家长很多，并且都认为这是一个高招。这位妈妈也一样。

"有一次，我说要和她出去散散心，顺便见一个朋友，其实暗地里我们早和那个心理老师联系好了。谁知一到了那里，她就看出来了。但是当着外人，她还是很顾面子，谈了一个半小时。可是出来就不行了，一上车她就和她爸爸吵起来了，大哭了一路，说我们骗她。但是，她不上学我们也没好法子。她爸爸沉不住气，又骗她去一个心理诊所做测量。那天我们假装路过，骗她说顺路进店看看。结果她一出来又大闹，说再也不相信我们了，说那个量表她是反着选的，你们看吧。"

欺骗孩子的招数是一样的，欺骗的结果也同样是一样的——都是让孩子失去了对父母的最后的信任。

但是，为了让她上学，她的父母还是不停地努力着。

"后来，我们打听到了一个咨询师提供上门服务，于是就约了他。我们制造了一个场景，假装我们不知道，是一个阿姨介绍来的。阿姨带着咨询师来到家里，我们就走了。那天他们聊得还可以。接下来每次都是我上班了，咨询师就来家和她聊。后来他们单独联系，我们回来也装作不知道这回事，她也从来不说。咨询师说 12 次就会好，但是现在是第 8 次了，她还是不去上学。"

她很无助地说着。

"你从哪里找的咨询师？你了解这位咨询师的专业背景吗？"我疑惑地问，实在不明白这种偷偷摸摸的咨询会有什么作用。

"有病乱投医，只要能让孩子去上学就行。我们找了很多咨询师，人家都不来家里，没办法，只好让从网上搜到的这位愿意上门服务的咨询师假装是朋友来陪孩子聊天。好歹孩子没大吵大闹。但她曾经多次警告我们说她没有病，再这样到处看，乱让人来聊，就真把她弄出病来了。"

我无奈地笑了笑。

她看了看我，说："但是这个孩子从来不说不上学。她其实很想上学，一直想考上海交通大学。但现在就是不去上学，快要高考了，真急死人了！"

那天聊到这里，基本上是这位妈妈在说。倾听中，只感觉有无数股外来的力量一股脑儿地冲着孩子而去，连我这个旁听者都快要窒息了。于是，我问了她两个问题。一个是，当你们想办法骗孩子和假装做那一切的时候，感觉怎么样？第二个是，孩子现在爆发烦躁情绪主要是因为什么？

她思考了很久，说："其实，做假的时候，我们都很累。孩子也知道我们在骗她，所以很反感，从此对我们也就不再信任了。孩子发脾气多数是嫌弃我唠叨，或者找人来疏导她。从那以后，我们只要一说要和她做个什么事，她就发火。"

妈妈后来又来了两次。她悟性很高，后面两次的咨询效果也很好。

不多久，也就在昨天，女儿来了，说出了前面"实在不想活了"的话。

看来，这个女孩内心的痛已经很深，也很复杂，以致无法言说。本来只是受不了名次突然下降的挫折，一个人在挣扎，但现在却是周围的人都在不自觉地不断地为她添加着痛苦。所有的人都在关心关注她的成绩，却没有人注意到她想学而不能学的痛苦。就像是掉进了沼泽，她正在苦苦挣扎的时候，周围的人却站在岸上只是胡乱叫嚷"朝这边，朝那边；要这样，要那样……"而这时，她真正需要的仅仅是一只伸过来的手；当这只手没有伸出来让她抓住的时候，越多的叫嚷只会越增加她的焦虑，从而加速让她窒息，以致让她陷于绝望。

刚才听到的噩耗，那个跳楼的女孩恐怕也是只被关注学习和成绩，也是在长期的痛苦挣扎中从来没有得到一只伸过来的手，从而导致了悲剧的发生。而对于昨天见过面的那个女孩，我清醒地知道，要及时地向她伸出那只她迫切想抓住的手，而这，首先要清楚她说不出的问题在哪里。

我相信，我已经从妈妈的谈话，昨天和她见面时的谈话中看出了玄机。

深深吸一口清新的空气，身上轻松了许多。

看满院樱花，璀璨绽放，不过是遵循了大自然赋予的生命法则。孩子的成长也是这样。教师和家长所能做的就是在孩子需要的时候及时向他们伸出一只手，而少一些扭曲和添加。仅此而已。

让生命循着生命本来的法则自然茁壮。

扫码听本集

15
—
缺
憾
的
力
量

"是的，老师。这样一说，我觉得我的思路清晰了，也许留着这个缺
憾会给我更大的力量，甚至为了弥补，一生都会催我不断努力。"

午休时间，电话响了三次，一个陌生号码。很不情愿地接通，原来是高中同学。

"我朋友打听到你是心理专家，想寻求帮助。他孩子出了问题，就是虽然考上大学了，却吵着闹着非要复读。朋友找了好多人劝导，都没解决问题，你看看能和他聊聊吗?"

这也是一件司空见惯的事。一般情况下就是家长和孩子的意见不一致，然后家长到处搬救兵做孩子的工作。

咨询师不是说客，始终秉持的是中立的原则。

我答复说，让家长打电话过来，我先了解一下情况。

很快，电话打过来了。电话那头是一个急促的男中音：

"李老师，这不是遇到麻烦了嘛。孩子今年考了 634 分，理科，我们觉得这个分数可以了。但是这两天他却一直在家里闹，非要复读。前两天我给他报了提前批，当时他不同意，但是我们做了工作，又让上大学的他的两个表哥劝说他，他也就同意了。可是，他昨天和同学们出去玩了一趟，回来就变了脸，还是非要复读，怎么劝也不管用，并且对我们大发脾气，还摔门砸东西，今天干脆不起床了。你说这孩子，我已经找了很多人给他做工作，想不到他什么也不听了，就是非要复读。但是，关于复读，我已经两次征求他班主任的意见了。班主任说孩子学习很认真，这个分数也算发挥得很好了；再说孩子心理承受能力稍弱，复读压力大，所以不建议复读。"

"您现在需要什么帮助呢？"我问。

"孩子现在不跟我们交流，也不听任何人的话，就是闹，非要复读。复读也不要紧，我们担心的是，如果明年连这个分数也考不到，他承受得了吗？6月24日成绩一出来，他就大哭了一场，说是不满意，哭得我们很心痛。现在他闹着非要复读，说自己不满意这个分数，非要再考一次试试。我就是想让您和他聊聊，听听他的真实想法。"

看得出，这是一位充满智慧的父亲，不是想让我游说儿子放弃复读，只是想了解儿子的真实想法。见家长持这种态度，我也就答应了。

不久，爸爸陪伴着儿子一起来了。

儿子是一个看起来虎虎生威的小伙子，一进门就猛一下子坐到了沙发上，低下头连看都不看我一眼。爸爸站在他前面，劝他说："现在，李老师在这儿，你把心里的想法全都说出来就行，我出去等一下。"

只剩下我们两个人了。我看了看他，他仍然低着头不看我，似乎在等着我训话。

"说说你的想法吧？"我笑了笑说。

"我就是想复读。"他头也不抬，扔出了这么一句。

"很好啊，有这个想法说明你要求上进，对自己有更高的要求，有什么问题吗？"

　　他抬起头看了看我，说："但是，他们却死活不同意，说复读压力大，担心明年万一考不好怎么办。"

　　"你自己怎么想的？"

　　"我不怕吃苦。我对今年的分数不满意，少考了 10 分左右。这个分数很尴尬，我想上的 985 大学去不了，只能去偏远城市。如果多考 10 分，我就满意了。"

　　他的态度似乎不容商量，很坚决。

　　"你的意思是，为了多考 10 分你就要复读？"

　　"是的。不过也不全是，就是想名次再高点，能上个理想的 985 大学。"

　　"也就是说你对现在可以填报的大学不满意，所以你要复读，想重新考个好成绩，上一所理想的大学？"

　　我对他的意思进行了整合并重复，他很坚定地点点头。

　　"选择复读，你做好准备了吗？"

　　"哪些准备？都说复读很苦很累，但我不怕。我觉得我能行，学习上的苦和累我都能受得了，生活上的艰苦我也不怕。"他疑惑地看着我。

　　"看来，你的决心很大。是什么给了你这么大的力量呢？"

　　"我就是觉得少考了 10 分，如果再多考 10 分，我就满意了。但就是这个分数决定了一切，我实在受不了，我也不服气！我就是要复读，重新考一遍。"他低下头，一字一句掷地有声地说。

　　"复读一年，可是考试分数一般不会是直线的……"

　　"对，波浪线，这个我知道。成绩的上升和下降我都能接受。高三的时候，我的成绩下降过，我也挺过来了。"没等我说完，他就抢着封住了我的嘴。

"在你这个分数基础上多考 10 分、8 分，你自己有把握吗？"

"很难。"他笑着摇了摇头。

"那么明年高考，如果你少考了 10 分，甚至 20 分，你能接受吗？"

我很轻松地问他。

他吃惊地看着我，说："不能，绝对不能！"

"也就是说，你选择复读就是想多考 10 分，而没有想过明年少考了怎么办。"

"我觉得我能考好。我会努力学习，拼命学习，拼上一年，一定会考出好成绩。"说着，他几乎要攥起拳头。

"高分复读，你觉得你的有利条件是什么，不利条件是什么？"我继续问。

他想了想，说："也没有什么有利条件，如果说有的话，就是我会努力学习。不利条件嘛，就是这个分数实在很难再提高。"

"在今年的基础上，明年要考个更好的成绩，你觉得靠的是积累知识，还是良好心态？"

"好的心态。"他毫不犹豫地说，"我的知识储备基本差不多了。我觉得，只要有个良好的心态，就一定能考好。"

"那么，你刚才说的拼命学习就不是有利条件了，因为学习就是积累知识。相反，高分复读，分数难提高易下降，却是你的致命的不利的一面。"

他点了一下头，沉默了。

"复读，你的动力来自对分数的不满，你自然会一门心思想着提高这个关键的 10 分。而在这个高分的基础上再提高 10 分，将成为你很大的压力。在巨大的压力下，你能保持良好的学习心态吗？如果没有很好的心态，你能保证明年一定能多考 10 分吗？"

他终于默默地点头了，看起来已经消减了刚才的斗志。

"最关键的问题来了。你刚刚进门的时候，我看到你浑身充满了力量。如果，万一，我是说万一，明年考得不如今年好，你还能保持今天的斗志吗？"

他再一次抬起头来，但是已经收敛了锐气，很含蓄地看着我说："老师，这也是这几天我一直不敢想的问题。其实，我觉得，如果明年考得不如今年，我可能就会破罐子破摔了。"

"你的意思是说，你决定复读，只是做好了考好的准备；万一考不好，就破罐子破摔，就不会有要求上进的力量了？"

"是的，我努力了，考不好，可能就会破罐子破摔了。我想我可能会这样，老师。"他坦诚地说着，停顿了一下，坚定地点了点头。

"也就是说，因为今年的不完美，你选择复读，但是可能因为明年万一考不好，而完全放弃自己，那就更谈不上完美了，是吗？"

"是这样的。"

"看来，你是选择了高风险。考好了，正常，你认为是应该的，没什么不一样，也不会因此增加你生存的动力；万一考不好，就放弃了自己的人生，生存的力量因此也就没有了。"

他沉默了，看起来心情很沉重。

"既然这个选择高风险，我们不妨看看另一个选择，就是去上大学。带着对这个分数的不满，留着这份遗憾去上大学，会怎么样呢?"我问。

"我不会服气的。即使这样上了大学，我也要继续努力学习，考研，争取上个'双一流'，甚至清华北大。提前批，我不想去，是他们动员了我一天，我才答应的。"

说这些的时候，感觉他的力量又回来了。

"我是不是可以这样理解：高考取得的这个分数，你本来不是很满意，但勉强还可以报一所好大学，但父母却强行动员你报了自己不喜欢的提前批，这更加强了你的不满，坚定了你复读的决心?"

他拼命地点头。

"其实，现在来看，高考分数不理想这个缺憾是你力量的源泉，因为它，你想复读，而且斗志昂扬。而当我们分析到复读的弊端，不选择复读，带着这个缺憾去上大学的时候，你说你会因为这个缺憾而倍加努力，争取考个'双一流'大学，甚至去清华北大读研，是这样吗?"

"是的，老师。这样一说，我觉得我的思路清晰了，不再乱冲动了。也许留着这个缺憾会给我更大的力量，甚至为了弥补，一生都会催我不断努力。"

他笑了，看上去很轻松。

看来问题已经解决了。至于怎么选择，我让他回去认真思考之后再做出选择。但不论选择什么，都要考虑周全，而不要囿于一端。对自己负责就好。

　　他走了，我的思路似乎更加清晰了。是的，缺憾本身就是一种力量，用对了，就会创造人生的辉煌；用错了，则会导致人生的溃败。而积极的人生，就是面对缺憾，把力量导向正确的方向。

扫码听本集

16
—
我的妈妈当老师

　　我由此想到了掩藏在问题背后可能存在的问题。"你爸爸妈妈的关系怎么样？家里面是不是你妈妈完全说了算？"他沉默了，过了好大一会儿，仍不肯抬起头来。

又是这个高一班的心理课，我的问题话音刚落，第一个举手的又是这名男生。如果没记错，我每次上课，他都是第一个举手，而且问题很多、很复杂。

我低头看了看他。他的座位很特别，不在同学们中间，而是单独一张桌子，一个人，紧贴着讲台，坐在讲桌下面。感觉他就在老师的嘴皮子底下，老师讲课飞出的唾沫星子都会一点儿不浪费地落到他的头上和身上。所以，每次我需低头才看得见他。

为这个非常的位置，我的好奇心经常关不住。第一次看到就问，你为什么坐在这里？要待多久？记得他的回答很含糊，我到底也没听明白，似乎是被惩罚与自愿参半。第二次是问，你在这里感觉怎么样，有没有不舒服？他的回答很果断：在这里感觉很好，而且不想离开。

一个用来惩罚犯错误同学的位子，他却安心于此，并且自得其乐。这让我对他的心理需求产生了兴趣，但每次上课匆匆，没有较长时间的单独交流，所以就一直没有合适的机会调查了解。

然而他的身影却时时刻刻都在眼前晃。一进教室总是第一个看到他，而他会一直盯着你走上讲台，看着你整理好笔记本等教学用具，并随时等着帮助你。等一切就绪，其他同学都进入教室，开始上课了，他就会第一个举手发言，就像现在一样。

说实话，除了对他的心理需求感兴趣之外，凭感觉，我也很喜欢这个清纯的男孩儿。圆圆的脸蛋，大大的眼睛；虽然已经在变声期，但面容仍未褪去稚嫩；黝黑的皮肤亮亮地放着光，一看就是营养良好；头发修剪得短而整齐，衣服整洁合体；说话慢条斯理，浑身透着一种没有奶油味的书生气息，很儒雅。

我冲他微笑着点了点头，他立刻会意地站了起来，满脸疑惑和期待地看着我。这熟悉的表情，让我一下子想起了他的第一次提问。

"老师，要上课了，值日同学还没擦黑板，我帮忙擦完，这样做有问题吗？"他的问题很直接、很具体，而且多少带些抱怨。

"你觉得有什么问题吗？"我笑着问他。

"我觉得这样做没问题。我看到老师来了，要上课了，黑板还没擦，只是赶紧帮忙擦干净而已。可是，有很多同学议论我、取笑我，说我爱表现。"他小声说着，一脸无辜的样子。

"你对他们的议论怎么看？"我看了看全体同学，没有人质疑，没有人打岔，都在认真地听着我俩的对话。

"后来我观察了一下，其他同学都没有帮忙的，只有我一个人经常帮忙。其实，有时候还没等值日生擦黑板，我就先帮忙了。我觉得可能大家看不惯我的这种做法吧。"他若有所思，也似乎若有所悟。

还有他的第二次提问，是有关考试的。

"老师，快要考试了，我感觉很紧张，压力很大，感觉胸闷气短。我好像很害怕。"

"当你紧张害怕的时候，你想到的是什么？"我问。

"我害怕考不好，让妈妈失望，她会伤心。我不愿意看到妈妈伤心难过……"说到这里，他的眼圈红了。

"你的意思是，你在为妈妈学习，为妈妈考试？"

"嗯，我就是为了让妈妈高兴。我要考个好大学，不让妈妈失望。可是，最近我很努力了，同学们也都很努力，看到他们成绩那么好，他们又那么能学，我很着急，越着急越学不下去；上课老走神儿，回过神儿来了，又很后悔。妈妈要是知道我这种状态，肯定不高兴。她认为我一定能考个好成绩，想到可能会让她失望，我就很害怕。"

这些话萦绕在耳旁还未消失，而今天，他的提问又重复了这个话题。

"老师，我想了想，我好像很爱出风头，很爱表现自己，而且谨小慎微，总是担心这担心那的。尤其一到考试前，我就特别担心自己考不好会让妈妈失望。其实，平时我也担心，如果班主任说我表现不好，我就担心妈妈知道了会生气。所以，我就很努力地去做，但是总感觉做不好。同学们也说我是为别人活着，说我的做法是表现给别人看的。可是，我不知道怎么才能不为别人活着。"

他不急不慢地说出这些的时候，忽闪忽闪的大眼睛永远透着不解和无辜。

"你的父母从事什么职业？"

专业思维让我习惯于想验证我的判断，并结束这个复杂而私人的课堂提问。他的回答不出我所料："我的妈妈当老师。"

"好的，我知道了，请你先坐下，课后我们单聊。留一些时间给其他要发言的同学，好吗？"

他欣然同意，回过神儿来似的回头看了看全班同学，羞涩抱歉地点点头，安静地坐下。

接下来，同学们争先恐后地提问，并表达自己的想法、意见和疑问，然后我整合汇总，并抓取了集中存在的问题进行解惑。直到下课铃响起，同学们仍意犹未尽。当我不得不走出教室时，很多同学还追出来提问，而他，跑在最前面。

"老师，正好大课间，我想和您接着聊聊。"我看着身边的同学笑了笑，他们见状，自行回去了。

"老师，其实，这一节课，后面的内容我基本上没听进去，而是一直在想我自己的问题。"

见只剩我们两个人了，我说："现在，你可以敞开了说，把你的困惑全说出来吧。"

"以前的我，非常活泼开朗，天天很快乐，学习成绩一直很好，基本上是我们班的第一名；当班长，老师们经常夸我，同学们都对我很好；爷爷、奶奶、姥姥、姥爷、姑姑、舅舅……所有的亲戚都经常夸奖我，都说我既聪明又懂事，在爸爸妈妈两个家族中，我就是我们这一辈的榜样；别人夸我的时候，妈妈总是说'好啥好啊'，但我能感觉到她心里很自豪；看到妈妈开心，我就特别高兴。"

说到这些，他不自觉地显现出很陶醉的样子，满脸的稚嫩尤其可爱。

"可是，自从来到了高中，就大不一样了。由于我们班全是高手，入学时我的成绩只排 14 名。妈妈很着急，就天天催我学习，还找了很多老师给我补课。可后来，我连这个名次也考不到了。上次期中考试我考了 25 名，妈妈很生气。现在又要考试了，我就特别害怕，害怕会……"

他低下头，愁眉苦脸的样子更加惹人爱怜。

"你说你会特别害怕妈妈，是吗？"

"其实，她现在不打我了，我上小学的时候经常打。从小妈妈对我要求就特别严，要求我方方面面都得做好，一做不好就打我，那时，我真的很害怕。上初中之后，妈妈就没再打过我，我也一直是非常优秀的'别人家的孩子'。现在，我也不是害怕，就是不愿意看到她生气或者伤心。记得初中的时候，姑姑给我买了一双鞋子，很好看，我穿上感觉帅极了，但是妈妈不喜欢姑姑。我问她，我的鞋子好看吗，她只冷冷地看着我。我问了两遍，她什么也没说。我知道她不高兴了，只穿了一天就赶快脱下来，再也没穿过那双鞋。直到现在，我所有的衣服都是妈妈买，她买什么我就穿什么。去超市，我也从来不胡乱要东西，要了也不管用，她说买啥就买啥，她说是啥就是啥。反正我就是不愿意看到妈妈不高兴。"

说完，他沉思起来。

听到这里，他的举止以及他对那特别座位的喜欢就不难理解了。

"妈妈一定是优秀班主任吧？"

"是的，妈妈几乎每年都被评为优秀班主任。她教的班成绩总是第一，听妈妈说，从来没考过第二。老师，你是怎么知道的？"

"是你的表现和诉说告诉我的。每个孩子的身上都雕刻着父母的教育痕迹。先不管这些，说说你现在的感受吧。"我看着他，笑了笑。

"现在我很怀疑自己，觉得自己什么都做不好，越来越没有自信了。同学们经常议论我，说我爱出风头、爱表现。可是，我也不是为了自己。我做事都尽量考虑到他们的利益，可他们又说我是在为别人活着。在班里，我特别能感受到班主任的情绪，他生气的时候我会提醒同学注意别惹他，他们就说我喜欢看别人的脸色行事。总之，我做什么都不对。我跟班主任说这些，他就说我心太小、太敏感，太在乎别人。我现在很苦恼，到底怎么做才是对的？真不知道该怎么做才好。"

他的眼圈红红的，几乎要流泪了。

"你是不是说，小的时候，你是一个非常聪明懂事的孩子，活泼开朗，讨人喜欢，学习成绩又好，在一片表扬声中长大，是妈妈的骄傲；妈妈对你的要求非常严格，方方面面一丝不苟，你一直非常害怕，并完全服从，任何时候都不打折扣地执行妈妈的决定，做任何事情都要让妈妈开心，妈妈不开心你就会有罪恶感；直到现在你仍然全部听妈妈的话，不愿意看到妈妈有一点生气和失望。但是，上了高中，你的成绩不再是班内第一，妈妈很着急，也很失望，你为此很难受，总想让妈妈高兴。是这样吗？"

我一口气总结了他几次提问所传达出的信息，他完全同意，拼命地点头。

我由此想到了掩藏在问题背后可能存在的问题。

"你爸爸妈妈的关系怎么样？家里面是不是你妈妈完全说了算？"

我的这个问题可能碰触到了他内心深处不想揭开的地方。他沉默了，两手使劲搓动，脚尖用力地碾碎了一片小树叶。过了好大一会儿，仍不肯抬起头来。

我说："没关系，你可以先不说这些，让我们回到现在。自从你来到高中，你被表扬过吗？"

他猛然抬起头来，眼泪唰地就下来了，继而低头抽泣起来。

"来到高中，我整个人就不好了，什么都不好，做什么都不对，从来没有人表扬过我，甚至没有人看到我的努力，没有人理解我。"

"所以，你处处努力想做好，想被别人看到，想得到别人的肯定，想被别人赞赏，更想让妈妈开心高兴，是这样吗？"

他擦着泪，点点头。

我轻轻拍了拍他的后背，保持着这份沉默。

过了一会儿，他抬起头来，看了看我，说："老师，现在我心里突然亮堂了很多，头脑也清晰了。我大概知道我为什么这么做了，也知道我该怎么做了，感觉很轻松很舒服了……"

说到这里，他又停住了，似乎欲言又止。

上课的铃声早已响过，教室里传来了同学们大声回答问题的声音。他抬头看了看教室，回转身子准备要走，但又回过头来看着我，长叹一口气，说："老师，您刚才问我，爸爸妈妈的关系怎么样，是不是妈妈说了算。我不想回答，这是我在外人面前一直非常回避的问题，我只想深深藏在心里。但是，现在我觉得我可以对您说出来了。

"从我记事起，爸爸妈妈就天天吵架，一直闹离婚。我妈很强势，什么都说了算。平时我爸什么都不管，可是吵起架来，就动手打我妈，我很害怕。"他说着这些，看起来好像很轻松，"老师，你是不是看出了什么？我的状态是不是与这些有关系？"

我冲他笑了笑，对他的坦诚和开放自己表示赞许。但同时心里又生出丝丝苦涩，为他，也为他的父母。

"老师，这个周末，我想跟您好好聊聊我的妈妈。"他的话语开始变得很有力量，有请求，但更多的是不容拒绝。

我俩同时举起手来，击掌约定。

他飞身跑回教室，背影展现出了在他身上从没看到，而他本该就有的青春和力量。

17
—
让孩子活出自己

很多时候，安逸会摧毁一个人的生存意志，过度保护实际上是在扼杀一个人的生存本能。要相信，离开了父母的怀抱，谁都能够坚强地活出自己。

上 午做完两个咨询，一拿起手机，便看到他发来一张照片，是他在上海某银行门口的自拍照。哦，他就业了。时间真快啊！

我不自觉地往前翻看着聊天记录。

爸，妈：

对不起！请放心！

卞××

2016 年 5 月 20 日

这是一封信的复印件图片。信很短，但是故事很长。

信中的卞××就是他。2016 年写这封信的时候，他正在读大二，但那年，他应该是大学毕业。

记得他妈妈第一次联系我只是通了个电话。当时，他在某名牌大学读书，马上就应该升大三了。可是，学校突然联系家长，说要对他进行劝退。因为大二学年考试，他选学的四科全部挂掉，还有上学期补考的两科也没及格。按照学校规定，只能劝退。

爸爸妈妈连夜坐飞机去了学校，见到老师，找到学校领导，各种求情，好歹没有下跪。见他们为儿子求得一次继续读书的机会如此恳切，最后，通过老师帮忙，找到了一点希望，说再能补上两个学分就可以保留学籍。辅导员联系做实验的老师，让他补考了实验，好歹过了，拿到了那至关重要的两分，但他只能留到大二复读。

就是在那个时候，他的妈妈第一次打来了电话。

"我们实在没有办法了。找了好多神婆子看，该烧纸的烧纸，该上供的上供，什么事都做了，他还是不听话；也找了好几个咨询师，他们都要求带孩子去，说不见孩子没办法做咨询，可是孩子不去啊，要是能带出来就好了；现在他天天关在屋里，根本就不理我们。你看看能否帮帮我们？我们一家人求你了。"妈妈的声音听起来很弱，最后几乎听不清楚，感觉电话那头的人像是要晕倒了。

"您没事吧？"我很担心地问。

她似乎听出我的担心，说话的声音稍稍大了一点，但是说着说着又慢慢降低了，最后几句听起来气若游丝。看来她已经身心俱疲，连说话的力气都没有了。我实在不忍心打断她。

"我是初中老师，我爱人在××局里上班，孩子的爷爷奶奶都是退休老师。儿子从小非常优秀，上高中之前，考试成绩一直是年级第一名。上了高中，他那一级近 3000 名孩子，他的成绩排在前 20 名。他高考没考好，比实际水平少考了 20 分，上了这所大学，但也是 211 高校。虽然不是太理想，但在我们院里也算是考得最好的。从小到大，他不仅学习好，还非常懂事、乖巧，从没有跟父母顶过一句嘴，我说啥他听啥，他做的总是比我们要求的还好。他人长得又体面，认识的人谁见了都夸奖，都说我们家养了个好儿子。他一直是在表扬中长大的，我们也觉着脸上很有光。"听着她说这些的时候，似乎已经恢复正常，没有无力的感觉了。

"可是，谁想到这个孩子今天到了这个地步，我和他爸爸打死也不信，这会是我们的儿子？那是他上大学第一学期放年假回来，就说考试挂了一科。我们很吃惊，问他怎么回事，但他啥也不说。我们觉得是不是大学里功课难了，又不像高中的时候，有老师督促着学习，大概不太适应吧，也就没太在意，只是要求他趁着假期快学习，把没学好的补上。结果他把自己关在卧室里不出来，我们以为是在学习，哪里想到他是在玩游戏！"

说到这里，这位妈妈开始不断地停顿，气息又弱了很多。

"我们知道他一直在玩游戏，是有一天手机上突然来了一条短信，说×××的贷款已经逾期。我们吓了一跳，他怎么还有贷款？该不是诈骗短信吧？但总得问问他呀。一问，好歹没把我们气死，原来就是他贷的校园贷！那一次，他爸爸直接火了，连打带骂。他最后说出来了，是自己在学校玩游戏没钱买卡，又不好意思朝家里要，就贷款了。没想到利息长得那么快，自己也还不上了。我们这才知道，他在大学里天天玩游戏，这个学期基本上没怎么上课。晚上打游戏到很晚，上午睡觉，直到中午才起床吃饭，下午有时去上课有时不去。知道这些以后，我们家像塌了天一样。第二学期，我就请假去陪读。可是他死活不让我在那里，整天东躲西藏，说只要我在那里，他就不上课。没办法，我只好回来了。谁知学期末他又有两科不及格，连补考的科目也没及格。

"那年暑假，我就直接让他到我的办公室里学习，天天盯着他。还好，那个假期他好像也学了不少。本来认为他这就变好了，哪里想到最后的考试，四科全都挂掉了，连补考的两科也不及格。学校劝退，我们去做了工作，好歹是留住了。学校同意保留学籍之后，接着孩子就放暑假回家了。哎，谁知道他想怎么样啊？"

说着说着，她哭了，很伤心，几近绝望。

"不要太伤心。"电话里，我安慰着她，"这个假期你们打算怎么过？"

"他这么多科不及格，得先帮着他学习。"她忽然坚定地说。

"帮着他学习？怎么帮呢？"我问。

"是啊，从小他学习我们就没有放松过，一直盯着他。除了完成老师布置的任务，我还给他布置一些课外的作业，他总能很认真地做完。语文课文，我总是要求他提前背诵，数学的基本公式也是，基本上提前一年他就学会了。他的爷爷是退休老师，对他的学习要求也很严，可以说是一丝不苟。在学校里，我和他的老师都很熟，他的作业有一点做不好，老师马上就单独教，帮他改。在家里，他从来不用干别的，除了完成老师的作业，就是读书。我给他规定了篇目，并检查他读的情况，他都完成得很好，写的读后感非常深刻，我看着都觉得很感动。"她说着，流露出心底的骄傲。

"也就是说，他的学习和生活全是在别人的帮助指导下完成的？他自己不用费任何脑筋，是这样吗？"我问。

她沉默了一会儿，说："是这样。"接下来，电话那头声音突然停住了，大概是听了我的话，她有所触动，在思考。

"那您能告诉我，这个假期我们该怎么做吗？"过了一会儿，她突然急切地问。

我们约了见面聊。

大概两天后，她来了。

这位妈妈看上去很瘦小，但不像电话里想象的骨瘦如柴。中等个儿，皮肤很白，但是苍白；弯腰弓背，大概是身体不舒服，很没有力气的样子；一件小翻领短袖衬衣，看上去略显古板。

"李老师，那次和您聊，虽然基本上是我在说，但是聊完后我很受触动。您的一句问话太戳心了：'他的学习和生活全是在别人的帮助指导下完成的？'当时我猛地一下意识到问题的所在了。过后仔细想了想，太对了！不仅是学习，他的生活都是我在给他安排，包括什么时候理发，穿什么衣服，交什么朋友。现在想想很可怕，我们保护得太好了，难怪他上了大学不会学习！更要命的是，他现在无所事事，整天玩游戏。我们的关系也非常糟糕，我们几乎无法沟通，他根本就不理我们。您说，现在我们该怎么办呢？"

因为通过电话，她并没有陌生感，所以进门就说。

"打算怎么安排这个假期呢？"我似乎很随意地问了一句，故意问得很模糊，并没有明确是谁安排谁的假期。

"他这么多科没考过，我想先让他学习，但又害怕他不认真学，一个假期恐怕学不完。"她的回答果然不出我的所料。

"也就是说，还是得你替他安排好？"我笑了笑。

"不是啊，要是这个假期不学习、考不过的话，他就只能退学了。"

她有点急了。

"我倒是不担心他考试通不过，而真正担心的是他会因此丧失生活的信心，失去活着的意味。"我看了看她，很严肃地说。

"是啊，你说得对，他现在就经常说'活着没什么意思'。"她看着我说，一脸的无奈。

"刚刚我看了一个故事。一群天鹅每年南飞过冬，要经过一个地方，这个地方住着一对好心的老夫妇。看到天鹅来了，就给它们吃的、喝的，好好照顾着，天冷了就把它们放到暖和的屋里。天鹅们吃得好、喝得好、又不冷，就再也不往南方飞了。过了几个冬天，老夫妇去世了，人们发现天鹅也死了。原来，天鹅已经过惯了老夫妇替它们安排的这种安逸的生活，都不会往南飞了。结果，冬天来了，老夫妇不在了，美丽的天鹅们也就全都冻死了。"

很简单的一个故事，但是，我觉得此时很应景。

她沉默了，低下头，擦着泪水。

"当父母的，嗨……那我们现在到底该怎么办啊？"她一边沉思，一边说。

"现在我们已经看得很清楚了，孩子的问题应该首先是家长的问题，是我们保护得太好了。结果是一旦离开保护伞，孩子便失去了航向，无所适从。如果想让孩子改变，家长就要先改变。"我很直接地说。

"没问题，只要能帮助到孩子，我们愿意改变。"

"好，刚才您说，现在孩子不愿意跟你们交流沟通，但是，让他到你的办公室学习，他还是愿意去的，是这样吗？"

"是的，除了让他学习，他什么也不听我们的。但是，只要我们说让他去学习，他马上就会答应。"她点了点头。

"平时您对孩子最担心的是什么？"

"现在，最担心的是他的学习成绩。原来的时候，直接不用考虑这个。从小最担心的就是他的身体，总害怕他吃不好喝不好，营养跟不上。上了大学，我也是每隔一段时间就给他寄去点吃的。"

　　她擦了擦眼睛，回忆起过去对儿子的照顾，似乎又有了一丝笑容。

　　"那就从吃饭开始吧。让他自己来吃饭，不要等着叫，也就是说，吃饭时不喊他，你能做到吗?"我看着她，问。

　　"能是能，但是不喊他，他就不吃。"她很为难地说。

　　"他不吃会怎么样呢? 是谁先不舒服呢? 他会不会把自己饿死呢?"我笑了笑，很严肃地说。

　　"是啊，他不吃饭我们一家先心疼他，替他不舒服。但他这么大了，不可能就傻到把自己饿死吧。"她小声说着，但是明显感觉没有底气。

　　"您就先这样去做，并且不要替他安排学习。"我说。

　　"那他干什么?"她睁大了眼睛，很着急地问。

　　"你的意思是不叫他吃饭，他就不会吃饭，不给他安排学习，他就不知道做什么，是这样吗?"我重复了她的意思，反问她，她又沉默了。

　　"你先这样做，第一步就是吃饭不喊他，不给他安排学习和任何活动。然后等，等他跟你说话了，谈到学习了，这是第二步。这时，你只需告诉他一句话：'有一位心理老师知道在大学里怎么就能不挂科'。记住，就只说这么一句话，越是轻描淡写越好。然后等，等他要来的时候，你送他来就好了。但是，千万不要勉强，更不要祈求他。"我很轻松地和她说。

　　"这能行吗?"看得出，要改变这个家庭的惯有模式，她首先就感觉不安。

　　"只要你能坚持这样做，他会来的。"我很坚定地笑了笑。

她看着我，仍然充满疑惑，但我依然坚定地看着她。

"我试试吧。"她想了想，最后狠狠地说，好不容易下定决心似的。

她回去了，一周之后她又来了，像我预料的一样，她没有做到。这一周内，只是没给他安排学习，但是每天还是喊他吃饭。

又谈了半个小时，我仍然坚定地让她按计划去做。她自信地回去了，这次我预计她能做到。

果然，十几天之后，她打电话说，儿子要来见我。

7月底的一天，约好跟她儿子第一次见面，当时我准备了足够的抽纸。我知道这个男生一定有泪，而且泪会很多。

我们谈了一个半小时。因为看到了他内心深处的渴望，问题句句戳心，他几乎全程都在哭。但是到了最后，他是擦干了眼泪，有力地挥手说"再见"的。

之后，我们又聊过两次，他就开学了。那是他读的第二个大二。

不久，他妈妈就打电话说，他参加学校运动会了，并且两个项目拿了名次。但从那以后，再也没有什么好的消息传来。他妈妈很着急，想去学校看看，我阻止了。因为他已经每个月都给妈妈打电话了。

信任是最好的心理营养。期末考试，他补考加选修的科目，只有一科没及格。

一放寒假，他又来了。我们聊了很多，而且聊得很开心。

第二学期，能选的课他都选上了。妈妈有些担心他过不了，慌慌张张问我，我只是笑笑说："那是他的事。"

大二下学期结束，快要考试的时候，他给妈妈发来了这篇文章开头的短信。

妈妈接到短信，非常慌张地跑来问我："他不会有什么事吧？"

我笑了笑说："就等着好消息吧。"

结果放假的时候，他选修的科目全部通过，并且参加了建模比赛。

今天再看这封短信，一切仿佛就在眼前。而他，已经大学毕业，在大上海工作，开启了他人生的另一段旅程。

很多时候，安逸会摧毁一个人的生存意志，过度保护实际上是在扼杀一个人的生存本能。要相信，离开了父母的怀抱，谁都能够坚强地活出自己。

扫码听本集

18
—
换个角度即精彩

不会为别人着想，伤害到的往往是自己。世事纷杂，美好与烦恼就看你怎么想。

尼采说："每一个不曾起舞的日子都是对生命的辜负。"所以，凡是生活赐予的，一切都是美好，一切都值得珍惜，就看你怎么想。没必要因为自己的想法，让自己产生不愉快。

随手翻几页书，在清茶的香气中任思绪漫舞。品读人生，心中阵阵清爽，微笑洋溢在脸上，感觉周围一切的美好皆由心中生起。

突然，门开了，进来一个胖胖的女孩。她的贸然闯入，吓了我一跳，也打破了刚才的美好静谧。只见她阴沉着脸，虎虎生威地走到我面前，一身的怒气，像冒着烟儿的火药炮，似乎随时要爆发。

我迅速回过神儿来，稳住自己，什么也不说，只是微笑着看着她。她看了看我，一屁股坐到了沙发上，因为用力太猛，不自觉地反弹了一下，伴随着她的一声叹息，像是摔到地上一个大皮球。

我依然只是笑着。什么想法让她这么生气呢？她那样子倒蛮可爱。

"老师，最近我的同桌不理我了，我非常难受，因为她对我很重要。可是我无论怎么靠近她，她都不理我，一直在躲避我。"她一开口就泪流满面，边说边哭，大概憋屈很长时间了。

"哦，从什么时候开始的？"

"就是最近。我借了她一本书，放到我橱子里了。因为要考试，我还没来得及看。前两天她问我要，我一看，橱子里没有了。老师，你知道吗，我的橱子没有锁，书都在里面，同学朝我借书，我就让他们自己去拿。这次，也不知道这本书被谁拿走了。我告诉她，书没了，当时她就不高兴了，冲我甩脸子，说那本书对她很重要。有那么重要吗？我的书还经常被拿走呢！”她说着，噘起了嘴，很不服气的样子。

“你的意思是说，你把同学的书弄丢了，她不高兴了，就不理你了，是这样吗？”我重复着她刚才的意思。

“我的书也经常被拿走嘛，她为什么要这样对我？”她很委屈地看着我，一脸单纯，不像是一个已经上了高中的女孩，倒像是温室中刚刚长大的花卉。

“她说这本书对她很重要，是吗？”我微微一笑。

“她说是她的初恋送给她的，上面写了很多字。但是，我知道，她和那个男生只谈了一个月就分手了。”停顿了一下，她又接着说，“她还说，虽然分手了，但那个人对她很重要，这本书对她就很重要。”

她一边说，一边一脸不解地看着我。

“这两天，我和她说话，她都懒得理我。我问她怎么了，她就说没事。但昨天我看到她到楼道里哭了，回来的时候，眼睛红红的。我问她，她还是说没事。她一点儿也不跟我说实话，她在骗我。”

看着她委屈的样子，我冲她笑笑，鼓励她接着说。

“大课间，以前都是我们一起下楼。但是今天上午，下了课她就出去了。我走到楼下院子里，回头看到她还在楼道上站着。本来她说要下去的，可是同学叫她，她也没下去。我觉得她是看见我生气，才不下去的。看她那个样子，我心里非常难受。她为什么这么对我？我一直想和她说话，可她就是不理我。"她一边不停地数落着，一边不停地擦眼泪。

"我问她为什么不愿意理我，她说没事，她没恨我，也不怨我，说先让她缓缓。我觉得她其实就是在怨我、就是在恨我。她为什么这样对我？我心里很难受，现在天天学不下去，不知道怎么办才好。"

她说到这里，说不下去了，又呜呜地哭了起来。

等她哭了一会儿，稍稍平静了，我说："你很伤心生气，是因为你每天都在努力和她说话，可是她就是不愿理你，并且对你说没事，她不恨你，要你让她先缓缓，是这样吗？"

"是的，我天天问她为什么不理我，她总说没事，可她明明就是不愿意理我，我很生气。"她又开始生气了。

"书丢了，这几天你有没有在找书？"我问。

"那天我找了，书橱里没有，我和她说了。"她很理直气壮地说。

"也就是说，你发现书没有了，就告诉她了。然后就没有到处找找，比如问问同学谁拿了，再到别的地方找找？"

"没有，我不知道书去哪里了。"她很无辜地说。

"来，试想这么个情况：你有一只心爱的杯子，是你最爱的人送你的生日礼物，你特别珍爱它。一天，你和小朋友一起玩，突然她不小心把杯子打碎了，你特别伤心。你拿着杯子在想，这是你的生日礼物，在想那些美好的事情，想到再也没有这个杯子了，甚至想着怎么把它修好。你看到很难修，便一边哭，一边抚摸杯子，沉浸在美好的回忆和突然丧失的痛苦里。而你的朋友还在继续玩她的，过了一会儿，她又过来拉你一起玩，你不去，她就不高兴了。你哭了一会儿，你的小朋友又来拉你，你还是不去，她就问你为什么不喜欢她，为什么不理他，等等，还三番五次地问你……"

顺着我的话，她很快进入了情境。

停顿了一下，我问："这时候你的感觉是什么？"

我的问题一出来，她立刻接上说："肯定很烦。我又不是不喜欢她，我是在心疼我的杯子。"

"是啊，你的这种感受是不是你的同桌现在的感受呢？她的哭泣、她的沉默是不是正在心疼她的书呢？"我微笑着看着他。

"嗯。"她点了点头，双手揉搓起来，好像明白了。

"她已经和你说过，她不怨恨你，并且当你一再追问的时候，她要求你让她缓一缓，这个情境和刚才假想的你的杯子被打碎后的情境，是不是一样呢？"我接着问。

她沉默了。

我仍然微笑着看着她。

"老师，那她现在是正在心疼她的书，不是在生我的气，也不是故意不理我。"她自言自语，"是啊，她说那本书对她很重要，主要是那个男生在上面写了很多字，可能记录了他们的美好。不管怎样，那是她的初恋，丢了就没有了，我却没站在她的角度替她想想。她很心疼她的书，而我，却没有当作一回事，又没帮她找的态度，还天天看她不高兴就生气……"

她慢慢地调换了思路，理清了前因后果，似乎有些吃力。可能她从来就没有这样思考过问题。

"这段时间，你不但没有帮她找书，还一直在责问人家为什么不和你玩……"我冲她笑笑，故意重复了一下。

"是啊，我就像那个打碎杯子的小朋友，不但不管别人的情绪，还一个劲儿给人家添堵，可人家并没有烦我，真是了不起。"

她羞涩地笑了。

"老师，我得回去给她找书。其实，大概也不难找，一旦找到书，失而复得，她一定特别高兴。"说着，她禁不住双手拍起来，自己先笑得像花儿一样了。

她飞奔而去，屋子里恢复了宁静。

茶水飘香，我迅速写下两句话：

——不会为别人着想，伤害到的往往是自己。

——世事纷杂，美好与烦恼就看你怎么想，很多事情，换个角度即精彩。

读书，品茶，谈人生。

又是一个起舞的日子！

19

—

我为什么活着

　　说完，她又冷冷地笑了，笑得整个世界都凉凉的。而我，从她的冷笑中感到的却是她内心说不出的痛楚。

"**我** 为什么活着？"

她像是在自言自语，又像是问世界、问宇宙，或者
是在问我。

看着她茫然的表情，我不知道该说什么，内心一种苍凉感油然而
生。

发问的是一位女孩，就坐在我斜对面的沙发上。25 岁，依然不失
大学生的清纯；白色衬衫，蓝色牛仔裤，一双经典寰球板鞋，通身干
净、整洁；马尾辫松松地绑在脑后，略显慵懒；皮肤白皙，嘴唇苍白
干裂，一双眼睛很大，但目光闪烁迷离。整个人看上去瘦弱无力。

她去年本科毕业，考研失败；今年"二战"，两分之差再次失利。
连番打击让她几乎无法面对，在家整天以泪洗面，说活着没有意义。
我的一个朋友是她的远方亲戚，看到这种情况，实在于心不忍，就带
她来到我的咨询室。

来之前，朋友介绍她的情况说，她三岁的时候妈妈生了一种奇怪
的病，医治无效，撒手而去。从那以后，本来不善言谈的爸爸更是寡
言少语。爸爸工作非常忙，她就被送到农村奶奶家。所以，她从小是
奶奶一手抚养大的，直到小学三年级回到城里上学，才跟爸爸生活在
一起。爸爸对她要求很严，尤其是学习，一点都不放松。而且自从妈

妈去世以后，爸爸特别爱喝酒，喝了酒就发脾气。所以她从小被管得很胆小，一看到爸爸不高兴，就赶快干家务活，做饭、洗衣服，什么都行。她学习成绩好，又懂事，所以在亲戚们眼里，她曾经是所有孩子的榜样。

但在她上初一的时候，爸爸又结婚了，后妈带了一个比她小三岁的弟弟。她很懂事，对弟弟很谦让。开始的时候一家人关系还好，后妈对她也很好。可是后来，大概过了一两年吧，情况就变了，姐弟俩开始经常吵架；一吵架，爸爸就骂她，有时候还打她，说她不懂事，不知道谦让弟弟。每到这个时候，她就跑回奶奶那里，但奶奶也很无奈，只能搂着她生闷气。大概她上八九年级的时候，姐弟俩曾经有一次吵架，吵得很厉害，她要跳楼。爸爸一气之下，把她关进卧室，好一顿揍。那次她还手了，但是毕竟打不过爸爸。事后她三天没吃饭，一个周没去上学。

再后来，上高中了，家庭关系一直很紧张。听她爸爸说，她回家之后，不搭理任何人，吃完饭就在自己的卧室里不出来。不管爸爸怎么吼，她关着门，就是不开门。在她眼里，家也就是她吃饭睡觉的地方，除此之外，家里的一切与她都毫无关系。

虽然家庭关系一直很糟，但她的学习成绩始终很好。

可是，高一的时候又出了一件事——她谈恋爱被老师抓住了。老师打电话叫家长，说她和一个男孩在楼道里搂搂抱抱。她爸爸一听，火冒三丈，觉得自己的脸都被闺女丢尽了。到了学校，拖着她就走。她就是不走，结果父女俩吵了起来。老师看她爸爸非常冲动，就让他先回去了。她跑回奶奶家，一周没去上学。后来她还对爸爸扬言，自己就是喜欢那个男孩儿，就是要嫁给他，如果爸爸再干涉，自己就去死。爸爸恨得骂她没出息，骂她不要脸，但是也毫无办法，只能随她去。其实，后来她和那个男孩并没有继续交往。

好歹这件事平息了，谁知高二她又为分班闹起来了。她想上理科班，将来想考军校，但是爸爸死活不让，非要她学文科，说女孩就应该学文科。分班的时候，爸爸都跟老师说好了，让她学文科，但是她和老师说家里同意她学理科了，偷偷地上了理科班，并且整天搜集一些军队的资料，看得饶有兴致。过了大概一个月，爸爸知道了，去学校找老师，硬是把她从理科班又调回到了文科班。那次，她赌气好几天不吃饭，但是最后还是没拗过爸爸。闹了一段时间后，也就平静了。高中毕业参加高考，成绩虽然不是太好，但也算顺利，考上了这所 211 大学。专业也是她爸爸定的，和她爸爸一样，学的也是会计专业。但她自己一直不喜欢这个专业，总是对上军校念念不忘。大学毕业第一年考研，没考上，今年接着考，又差两分。看着这个孩子简直承受不了了，整天要死要活的，朋友都很心疼，但也帮不上忙，只有求我帮帮这个可怜的孩子。

看着眼前这个经历了这么多风风雨雨的赢弱女生，回想着朋友的介绍，听着她一遍一遍自语着"我为什么活着……我为什么活着……"，我只有温情地陪伴，慢慢地等待她自动打开紧闭的心扉。

我以期待的目光默默地看着她，看着她，而她，只是低着头，偶尔也会偷看我一眼。

"老师，我说的话你会相信吗？"突然，她打破了沉默。

我看着她，笑了笑，说："你说的话，老师全都相信。怎么会不相信呢？"

"老师，我觉得上天已经不给我留活路了，我也不知道自己为什么还要活着。他们从来都不相信我，我的一切都得由他们安排。今天我都这样了，他们还在我耳边叨叨，说什么考不上研究生就是没努力，说什么我只想着军校的事，根本没心思考研。要是真的没心思考研，我还能用两年的时间去做这件事，我傻吗？可是，他们就是不信，一口咬定说，就是我没努力。再加上我的运气非常差，去年报的那所学校分数高，今年没敢报，换了所学校；谁能想到今年偏偏这所学校分数又高上去了，如果报去年那所学校，今年就考上了。老师，我是真的觉得上天不给我留活路了，我也实在没有力气了！他们信也罢，不信也罢，我也只能这样了，反正活着也没意思。老师，我现在真的不知道我到底为什么还要活着。"

她说着说着，声音越来越低，到最后，几乎是在自言自语了。尽管她没有哭，但看得出，她在竭力压抑自己。

"刚才你说自己曾经想报考军校？"沉默了一会儿，我问。

"嗨，别说这个事了。这是我今生永远的遗憾。我从小就想当兵，看着那些穿军装的女兵，特羡慕，一直梦想长大以后能像她们一样，飒爽英姿。可是他们死活不让，嗨！……"她冷笑了一声。

"岂止是当兵，他们什么都不让我干，只要是我喜欢的，一律不准；我做的一切，必须是他们喜欢的！我到底是为谁活呢？我到底为什么活着呢？"说到这里，她不再冷笑，而是很生气，不，简直是很愤怒的样子。

"你说的'他们'，指的是——"我问。

"开始的时候就是我爸爸，我的事什么都得由他安排，后来又有后妈。我有个后妈，你知道吗，老师？"她抬起头看着我，毫不回避这个问题。

　　我点了点头，她见我已经知道，就接着说："嗯，后妈虽然不明说，但是，爸爸什么事都听她的，全都听她的。开始的时候我觉得她对我挺好的，后来我慢慢发现，她经常背后和爸爸说我，而她说什么，爸爸就信什么。后来爸爸就不信我了，也不管我的感受。上小学的时候，我愿意跟奶奶在老家上学，爸爸坚决不同意，说我奶奶不懂教育。我不愿惹他们生气，就跟着来了，害得我奶奶也跟着一起离开了自己的家，来这里住。后来他们结婚了，还带来了个弟弟。开始很好，我一直让着他，可是，他没有底线地欺负我，什么东西都得他先吃、他先占，尽管这样，我也忍着。但是，有一次爸爸带回来一只玩具狗，那是一个叔叔出差给我带回来的礼物。我特别喜欢小狗，就没给那个弟弟，他大哭大闹，我坚持没给他。结果第二天，爸爸就骂我，说了很多，总之就是说我欺负弟弟，不知道让着他，等等。那些细节，一听就是后妈说的。可我根本就没那么做，我就反抗，顶了回去。可是，你猜我爸爸会怎么样？"她冷冷地笑了笑，接下去说，"他动手就打我，竟然一个耳光扇在我脸上。"

　　说完，她又冷冷地笑了，笑得整个世界都凉凉的。而我，从她的冷笑中感到的却是她内心说不出的痛楚。

　　"你是说从来就没有人相信你？"我问。

　　"他们从来不相信我，总是强制我、支配我。只有奶奶相信我、疼我……"说着，她低下头，用脚使劲儿踢踏，接着眼泪便夺眶而出。

　　"奶奶对我很好。上大学期间，我每天都给奶奶打个电话，从不间断。一天听不到奶奶的声音，我心里就空落落的。但是奶奶年龄毕竟大了，一些事我不愿意和她说，一是她不懂，更怕她伤心。像爸爸打我，我就不敢告诉奶奶，怕奶奶跟着我伤心。回到奶奶面前，我总是装着笑脸，说我很好。"

她说着，开始呜呜地哭起来。

"从小，我就害怕看到别人，特别是他们不高兴，所以我总是尽量表现得好一点，不惹他们生气。上学期间，所有的事情也都是爸爸说了算，用什么样的书包，他也得规定。上哪所学校哪个班，都是他说了算，我没有一点自主权，我不知道为什么活着，为谁活着！"

她越说，哭得越厉害。

我递着纸巾，默默地陪着她。

"我小时候，他总是发脾气，我不敢反抗，直到初三，他骂我，说我欺负弟弟，我开始反抗，说我没有，但他就是不信。从那以后，我说什么他都不信，只是死盯着我的学习。我的成绩一旦下降，他就说我偷着玩，说我谈恋爱耽误学习，说我不要脸。我上的大学学的专业也是他们选的。"她边哭边说，几乎泣不成声。

"我很没用，就一切按照他们的要求去做，听他们的，他们还是什么都不信。我觉得自己活着真是多余。自己又不争气，考不上研究生，他们就说考不上就不考了，没有那个能力，为什么非得考！听着这些话，我特别生气。其实，他们就是想要我就业，可我不想现在就业。我觉得本科没上所好大学，读研究生一定要考个好的大学。"说着，她慢慢停止了哭泣，最后一句几乎是狠狠地说出来的。

"也就是说，你对自己读的本科不满意，一定要考个好的大学读研究生，是吗？"我接着她用力说出的最后那一句话问。

"是的，我不信我考不上一所称心如意的大学。读完研，我想继续读博，走得远一点，离开他们。"

　　她低着头，但是声音明显有力量了许多。

　　沉默了一会儿，她又嗫嚅道："只是我的奶奶，我不忍心离开她。她最心疼我，现在年纪也大了，需要人照顾。"

　　说着，她又流泪了。

　　沉默了一会儿，我说："现在，我们来一起看看那个'你自己'，好吗？一个小姑娘，三岁就没有了妈妈，跟着奶奶长大；要听严厉的爸爸的话，要不断讨好周围的人；后来又要接纳一个新妈，还得谦让一个陌生的弟弟；在新家里，只有爸爸是至亲，但他却什么也不相信自己。这一切，对一个小女孩来说，该是多么大的委屈！但是，这个小女孩的学习成绩一直很好，似乎从来没受到这些影响。"

　　我简单总结了她的叙述，微笑着，看着她说。

　　她抬起头，带着疑惑又充满惊奇地看着我，似乎从来没想过自己经历了那么多，又似乎从来没想到过自己原来一直很优秀。

　　"你是怎么做到的？"没等她说话，我又紧接着问。

　　"我一直不放弃学习，并且很努力，是因为我心中有一个信念，就是我一定要活出个人样来，不要让人看不起。所以，我想考个好大学，读研，读博，直到拿到最高学历。"

　　她两眼放光，狠狠地说。

　　"然后呢？"

　　"没有然后，我就想活出个人样！然后……好好照顾我奶奶，让唯一疼我的奶奶过上幸福的日子，否则，我不会心安。将来，等我有钱了，就去做慈善，让那些像我一样可怜的孩子们都得到温暖。"

　　说着，她脸上紧绷的表情开始松动，微微闪过一丝笑容。

　　我看着她，笑了，说："你这不是一直有目标吗？而且，你的目标很伟大啊，不是吗?"

她先是一愣，接着也笑了，说："是啊，原来我一直目标，而且一直都在奔着这个目标朝前走! 那么多年，那么多琐事都过来了，我还有必要在乎今天别人的唠叨吗? 他们说他们的吧，也许他们是看着我这个样子着急呢……其实，这些年，我也把他们气得够呛。"

说到这里，她有些羞赧，但越说越轻松，越说越有力量。她的脸上渐渐地泛起了红晕，一双大眼睛也忽闪忽闪，有了灵光。

"那么，你自己说说，你为什么活着?"

我冲她挑逗地笑了笑，起身倒了两杯茶。

"老师，听你这么一说，我才发现，这些年走过来，我还是很了不起的。这大概是因为我早已有了坚定的信念吧! 所以我不能辜负我自己，我要为我的信念继续活下去，而且要活得精彩。"

她端起茶杯，看着茶水缥缈的雾气，少女的笑容顿时温暖了整个屋子。

我俩同时啜了一口茶，品着微苦之后的清香，不约而同地笑了。

扫码听本集

20

——

『健康快乐』是个坑

要让孩子真正健康快乐地成长，家长必须有要求，而且要求必须具体明确。只有这样，孩子才知道该怎么去做。

在我的一次家庭教育讲座上，有位家长提出这样一个问题："我儿子学习毫无动力，对什么都不感兴趣。其实，我对他的学习没有太高的要求，只要他健康快乐就好，并没想着非要他学习得多么好，非要他各方面做得多么好。但是，结果呢，他上了高中以后直接就不和我们交流了，怎么办呢？"

接着这位家长提出的问题，我做了一个现场调查：对自己的孩子说过"我们对你没有很高要求，只要你健康快乐就好"的家长朋友请举手。

现场很大一部分家长举起了手。

就在这时，我看到了坐在第一排的他，发现他回头看了看现场，又回过头来冲我笑了笑。

我说："家长朋友们，请不要随便对孩子说'我对你没有要求，只要你健康快乐就好'，很大程度上，这句话是个坑。"

他拼命地点头。看他那着急的样子，恨不得立刻站起来告诉在场所有的家长：就是这样的。

那就从他说起吧。

那是前不久的一个下午，没有预约，他突然闯进了我的咨询室。

"老师，我的孩子在读高二，我是慕名而来，也没打听到您的电话就直接来了，多有冒犯，请您谅解。"还没坐下，他就忙不迭地解释。

我说："您先请坐，慢慢说。"

他规整地坐下，两手一直抓着手包，不知所措地看着我。

"老师，我有些紧张，但更多的是着急。"说着，他看着我，明显放慢了语速，"我简直被儿子愁死了，你说咋办呢？这小子现在直接就不听我们招呼了，打不得骂不得，一副'死猪不怕开水烫'的样子，直接愁死人了。"

"哦，这种状况是从什么时候开始的？"我问。

"从他上初三吧。初三以前，这个孩子还挺好的，很懂事，很有礼貌，见人就喊叔叔阿姨。学习吧，也不是太用功的那种，成绩也就在中上游。我觉得这也行啊，反正我对他没太高的要求，只要他健康快乐地成长就好。可是，现在这个孩子越来越不对劲儿，主要表现就是懒，什么事情也懒得做，对什么也没兴趣，什么也不稀罕。

"现在他是软硬不吃，打骂不管用，该咋样还咋样。成绩直线下滑，基本上快倒数了。他考高中的时候，还是班内前 20 名。前段时间，他突然流露出想去欧洲旅游的想法，我说，只要你考试进了前 20 名，马上就让你去欧洲，而且还给你足够的资金购物。结果热乎劲还没两天，接着又没兴趣了。我找老师聊，老师们普遍说这个孩子学习没有动力，很懒散懈怠。现在，我们爷俩几乎没法沟通，一说就吵起来。没办法，我就找了很多亲戚和他谈，都不管用。他答应得好好的，结果该咋样还咋样。这该怎么办呀？要不，老师，我让他来，您跟他谈谈？"

看来让我直接跟孩子聊，是他今天来的主要目的。

我说："家里还有别的孩子吗？"

"还有一个老二，比他小六岁，是他的弟弟。但那个就不用这么操心。那个从小体质弱，上学经常请假。我对他的要求是先锻炼好身体，然后多读书。我想，他身体弱，请假耽误学习，没办法，就让他多读书呗，这样可能落下得少。你看，他反而学习认真，成绩也好。老大呢，从小各方面素质都不错，我想只要他正常发展就很好，所以对他就没有高要求，一直对他说，只要健康快乐地成长就好。但现在，他反而啥也不干了，还不让人说，别人一说他就发火，真是让人操心。是不是我的要求出了问题？"

他说完，两眼盯着我，很无奈地叹了口气。

"你不觉得你对两个孩子的要求有什么不一样的地方吗？"我笑了笑，朝他点了点头。

"刚才您这么一问，我还真觉得有些不一样。对于老大，我就一直说不要求他做什么，所以他在家也从来不做什么。老二呢，因为身体素质不好，倒是要求他做这做那的，也就是为了锻炼他的身体嘛。但这也不对啊！对于老大，我们从来不给他增加任何负担，只是让他自己好好学习，好好成长就行了，可他却连最基本的要求都做不到，还懒散得不行，经常发脾气；他弟弟反而能自觉主动地读书学习，成绩一直很好。这到底是为什么呢？"他一边思考一边说，紧皱眉头，不得其解。

"您对老大的要求是健康快乐就好，能不能说说您心中'健康快乐'的标准是什么呢？"

"咱说'健康快乐'，就是指他身体健康、活泼开朗、积极主动，学习上不要求他多么刻苦，该学的学会，该玩的时候玩好，我们对成绩也不像其他家长那么强求。"他说。

"这么说，你的意思是，他只要吃好玩好身体好，学习上对他并不要求什么，是这样吗？"

"也不能这样说，光吃光玩，那不成废物了吗？"

"那你心中到底希望他是什么样子呢？"

"身体健康是第一位的，学习凭他的本事。还有，做事要积极主动，不能懒惰。"

"你的意思是说，身体要好，要积极主动做事，学习上不要求额外用功，但要正常学好，是这样吗？"我把他说的又重复了一遍。

"应该是。即使不用要求，他凭着自己的素质，健康快乐地自由发展，能把一切做得很好才对。"他有点儿急了。

"也就是说，你的心中其实是希望他各方面做得都很好，对吧？"

"是的，我肯定希望他各方面做得都很好，因为他的身体素质摆在那里，只要他能健健康康快快乐乐地去做，就一定能做得很好。"他很肯定地说。

"说到底，你还是希望他好好去做，只不过希望他健康快乐地凭着自己的兴趣去做，是不强求的。"

"对，对，您说得对。但他必须认真做事，这是不言而喻的。而现在是，他什么也不想做，对什么也提不起兴趣来。"没等我说完，他又着急地说。

"那么你对儿子说'只要你健康快乐就好'，其实是你自己挖了一个坑，不仅儿子跳了进去，您自己也掉进去了。"我笑了笑说。

他一脸茫然地看着我。

"这样吧，找个时间，你让他来咨询室，我和他聊聊。"

他非常高兴地答应了，因为今天他来的目的就是搬救兵的。

过了两天，他的儿子来了。

一个半小时的时间，我们聊得很愉快。

和他儿子聊完后的第二天，他又来了，进门就说："李老师，太感谢您了！昨晚儿子回家主动和我说话了，还说了很多你们交流的内容。"

"想知道我和你儿子聊了些什么吗？"我笑了笑，示意他坐下。

"其实，聊了些什么不重要了，重要的是他能这么快转变了。我太高兴了！上高中两年了，他的状态一直是越来越懒散懈怠，啥也不说，什么也不做，我们一说他就发火。昨晚他竟然跟我说，他要认真学习了，要考个像样的大学。从他的嘴里说出这些来，简直就是破天荒的事。"

他眉飞色舞地说着，像是刚刚中了六合彩。

"你先别高兴了，看看这一段咨询记录吧。"

我说着，把和他儿子谈话的一部分记录拿给他看：

——"你对自己现在的状态满意吗？"

——"不满意，我很讨厌这样的自己，整天无所事事，也不知道干什么。"

——"你说不知道自己要干什么，那你对自己没有什么要求吗？"

——"我对自己没有要求，也不知道应该有什么要求。我从小对自己也没有什么要求，他们一直说只要我健康快乐就好。"

——"你对他们说的'健康快乐'是怎么理解的呢？"

——"就是身体健康呗，吃好，玩好，快快乐乐的，别生病。我有个弟弟，他身体不太好，经常感冒发烧。但他很要强，对学习等一些事都要求很高。我就不这样，怎么样都行，抢啥呢？我妈说'一个孩子一个命'，我天生就是清闲命，所以我对自己也没有要求。"

——"你喜欢这种没有要求的状态吗？"

——"说实话，小的时候很喜欢。有吃有喝，要什么爸爸妈妈都给买；学习不用费力，反正我的成绩也一直不错，小学、初中基本是前10名，他们也很满意。亲戚朋友都说我很懂事，都很喜欢我，我也很健康快乐。但是到了高中，我发现玩着学根本不行了，如果不努力，成绩就会差许多，所以名次不断下降。我心里很急很烦，同学们又都天天埋头苦学，没有和我一起玩的，这让我更加心烦，更加学不下去。回到家，弟弟学习很用功，成绩又好，父母便老拿弟弟和我比。天天比，我更烦，干脆什么也不做了。这样就很好，反正也不知道该做什么。"

……

"真没想到他会这么想，更没想到他对我们的要求是这么理解的！"他一边叹气，一边反复翻看着这段文字记录。

"难怪当时你说我对他的要求是挖了一个坑。回去我想了很久，现在终于明白了，原来家长和孩子对'健康快乐'的理解根本不一样。家长的期待不是孩子的理解，但是都在按着各自的理解做。结果孩子因为没有要求反而失去了方向，没有了目标，变得懒惰懈怠。这真是教训啊！"

说到这里，他抬起头来，冲我笑了笑。

"这么说起来，幸亏老二身体差，所以我对他一直有明确的要求：

锻炼身体，看书学习。你看，他现在还真的不用我们操心了。看来，要让孩子真正健康快乐地成长，家长必须有要求，而且要求必须具体明确。只有这样，孩子才知道该怎么去做。"

说完这些，他长长出了一口气，如释重负。

从那以后，一有我的讲座，他总是呼朋引伴地前来倾听。尽管他的生意很忙，但他说生意再成功，哪怕挣来金山银山，也弥补不了教育孩子的失败。孩子的成长不等人啊！

所以，讲座现场，当看到那么多人走在他曾经走进的迷雾中的时候，他的着急就不难理解了。

当时，我看了看他，他马上意会，站起来向大家分享了他的经验和教训，当场扫除一片阴霾，全场立即响起了热烈的掌声。

21

谁能帮得了它

那一笑，让人内心立刻生起暖暖爱意。就这样，教和学在彼此的欣赏和肯定中缓缓流动。

办公桌旁这盆绿萝，是我从曾支教过的学校带回来的，葳蕤盎然，自由地伸展着枝叶，尽情地绽放着生机。

刚见到它的时候，它可不是这样。那是在那所学校的办公室的一角，我注意到了它，叶子发黄发蔫，奄奄一息，是被已经搬走的老师遗弃的。

现在，每天到办公室，我都会先看看它，并顺手拨弄一下它的枝叶，疏松一下它的土壤。看到它蓬勃的生机，我仿佛感受到了那个美丽女孩儿的气息。

女孩是我支教的那所学校的一名学生。

那是多年前，我去滨海的一所乡镇中学支教。

因为是支教，所以我对这所学校老师和学生的情况都不熟悉。我特别感激我所教的这个班的孩子们，是他们的活泼开朗、阳光向上，以及他们给予我的满满的爱，融化了因为陌生而带来的所有阴霾，让我没有一点儿外校人的感觉。我也因此特别喜爱这群孩子，每天上课都会认真地观察他们。自习课上，有的孩子偷偷看我，我们偶尔撞了眼神儿，他便会冲我俏皮地一笑，又立刻低下头写写画画。那一笑，透出了心底的无限淳朴和小小鬼精，让人内心立刻生起暖暖爱意。就这样，教和学在彼此的欣赏和肯定中缓缓流动。

但是，这个女孩儿有些与众不同。她坐在教室第四排中间，因为周围同学的遮挡，所以我以前还真没有太注意她。

经过多日的观察，我发现她上课时总是低着头，只有在我讲课的时候，才会抬起头来。她白皙的面庞挂着沉沉的忧郁，偶尔会笑，但感觉非常勉强；说话声音很小，目光总在躲躲闪闪；中等个子，因为瘦，看上去很弱小；走起路来像一阵风，很轻，很快，很飘忽。

注意她，是因为老师们的议论。大家都说这个孩子经常哭泣：回答问题，没等说完就哭了；老师走到她身边，看了她一眼，她也会哭。总之，无缘无故，就是哭。班主任多次找她谈话，她也总是在眼泪中开始，在眼泪中结束，从来不说任何缘由。同学们不敢和她说话，因为害怕她哭。她自己也告诉同学们不要理她，说是不愿意将消极情绪传染给同学。所以，在班里看见她无缘无故流泪是正常的事情。时间久了，大家也就不太在意了。但神奇的是，这并没有影响她的同学关系。她的人缘很好，很多同学都愿意帮助她。

然而，在我的课上，我并没有看到她哭过。为了不惊扰她，我也只是观察，偶尔也会有意接近她。有一次，课上要求写名句，她写得很差。我走到她身边，拿起她的作业本看了看，什么也没说。当我离开的时候，我看到她在低头擦眼泪。

过了几天，当我在课堂上再次提问的时候，突然看到她的手举得很高。为了不惊吓到她，我没有第一个叫她回答，而是第三个叫到她。她回答得很好，我很高兴地冲她笑笑。但是，当我说"很好，请坐"的时候，看到她又流泪了。

她，简直就是一个现实版的林黛玉，这自然成为我心中的一个谜团。出于职业敏感，探寻谜底的想法自然日益强烈，但是，我也深知医不叩门。于是，我细心地创造机会，静静等待时机，相信早晚有一天，会打开这个神奇的心理世界。

一天早上，我一到办公室，就看到办公桌上压着一张纸条，翻过来一看，上面写着：

老师：

　　我听说您是很有名的心灵导师，我想找您谈谈，下午第三节课您有时间吗？

林依依（化名）

我十分惊喜，爱的感召让她这么快就主动开口了！这正是我想要的。

下午，第二节课后，她来了。低着头，贴着墙角，躲闪着其他来办公室的同学，轻飘飘地走了过来。

我赶紧拿来凳子，让她在我旁边坐下。

我冲着她笑了笑，什么话都没说，就见她两行眼泪夺眶而出。我立刻把纸巾递给她，她只嗫嚅着说了声"谢谢"，泪水更是肆无忌惮地狂奔而下。

我静静地看着她，等待她开口讲话。

"老师，我没有办法让自己不哭。其实，我很讨厌自己流泪。"她终于开始说话了，声音很小，加上有些啜泣，几乎听不清她说了什么。但是，我依然没有打断她，微微探身，低下头，竖起耳朵认真听。

"老师，同学们都想帮助我，这我知道，可是我很消极、很抑郁。

我是个消极情绪的倒霉蛋，我不愿意传染给他们！我真的很没用、很多余。

"说实话，很多时候我实在活够了……不想活了……"

她一边断断续续地说着，一边伸出一只胳膊，撸起校服袖子，只见光洁的皮肤上，是一道道凌乱的划痕。有一道划痕是新的，看起来很深。她把胳膊放在我眼前，没有做任何解释，只是哭。

我轻轻地抚摸了一下那些伤痕，问："还疼吗？"

她无语凝噎，使劲儿憋住要爆发出来的大哭，拼命地摇头，一边把胳膊缩进袖子里。

沉默了一会儿，我递给她一张纸巾，说："说说吧，每次用刀划下去的感觉。"

她用另一只手捂住胳膊，低头嘤嘤哭泣。沉思了一会儿，她突然说："我害怕，我很害怕。"说着，她蜷缩起身子，开始发抖。

"你害怕什么？你在害怕的那个东西是什么？"我连连追问。

"我害怕爸爸妈妈吵架。我不敢看他们，我不敢看爸爸的脸。我害怕，我很害怕。"

"握住我的手，感受这温暖和力量。现在继续想象着看看，继续看看爸爸的脸。"我把手伸过去，紧紧地攥着她的小手。

"我不敢看。爸爸打妈妈，瞪着大眼睛。"她使劲低下头，蜷缩着身体，呜呜地哭。

就这样陪伴着。过了一会儿，等她稍稍平静了，我抽出手，递给她纸巾，温和地望着她说："抬起头看着我。刚才你已经说出了你最深的恐惧，并勇敢地面对了它，很好！现在，请你想一想，这种恐惧最早发生在什么时候？当时是什么样子的？"

　　她擦了擦泪水，停止了哭泣，深深地呼出一口气，说："那是我刚上小学一年级的时候。有一天晚上，爸爸和妈妈吵架，吵得很凶。妈妈把还没洗的碗全都摔在地上，爸爸一下子火了，把妈妈一脚踹倒在地，使劲打她。爸爸眼睛瞪得很大，还一边大声喊着。我吓得大哭。爸爸抱起我，将我一下子扔到床上，把门关上。我听到他还在打妈妈。我缩到床的一角，不敢睁眼看，只知道哭。不知道过了多久，妈妈进来了，扯着我去了我姨家。妈妈和姨边说边哭。我哆哆嗦嗦依偎在她身旁，也不知道什么时候睡着了。之后，我就经常听到他们俩吵架。当时不知道他们为什么吵，就觉得是我做得不好，让他们生气了。从那时候开始，我就很懂事、很乖，尽量多做家务活，洗衣服，做饭，所有的衣服都是我洗。我会很小心地看着他们的脸色，只要他们不吵架，我就觉得特别幸福。但是，他们一直不断地吵，每次吵得厉害了，就把我关进房间，我就吓得哭。"

　　渐渐地，她平静了很多。我没有打断她，只是静静地听她继续说下去。

　　"开始的时候，我不知道他们为什么吵架，经常听到他们说'反正她是个女孩儿'，我觉得他们大概不喜欢女孩儿，我又做得不好，所以他们才天天吵架。那时，我伤心死了。于是，我总是努力做好，但他们还是吵架。我觉得是我害了他们，我根本就是多余的。后来，快上初中的时候，我才知道他们吵架是因为我爸爸在外面有一个女人。刚刚知道的时候，我非常伤心，觉得是我做得不好，爸爸才不喜欢我和妈妈的。为了弥补，我就越发听他们的话，他们让我干啥就干啥，学习成绩也很好，亲戚都夸奖我。但是没有人知道我经常干完活就偷偷地哭。"

说着，她的眼泪再一次夺眶而出。

"后来，他们吵架少了。上初一的时候，妈妈生了我弟弟，全家人都非常开心。爸爸也开始干家务活了，以前爸爸从来不干家务活。自从有了弟弟，我也突然感觉轻松了很多，好像是弟弟让这个家安宁的。我从心里很感激弟弟，幸亏他，爸爸妈妈才不吵架了。但是，后来看到他们都围着弟弟有说有笑，从来不在乎我，我心里又很失落、很伤感，越发感觉自己是多余的。上了初二，这个感觉特别强烈。经常是他们在客厅有说有笑，我自己躲在卧室里偷偷哭。我也常常半夜不睡觉，很想死了算了。这些伤痕就是从那个时候起，一次一次自己留下的。"

她流着泪，再一次撸开袖子，抚摸着凌乱的伤痕说："同学们都说我是贤妻良母型的女孩儿。其实，我就是害怕看到别人不高兴，所以我努力讨好身边的每一个人，害怕他们因为我不高兴。但我心里很压抑，我不想这样活着……"说着，她又低声呜咽起来。

"这道深的口子是最近割的。前两个周回家，爸爸和妈妈又吵架了，因为奶奶不来照看弟弟。我又看到爸爸瞪大了的眼睛。我突然就感觉特别害怕，害怕得发抖。爸爸愤怒的眼睛一直在我的眼前晃。那个晚上，我自己蜷缩在卧室里，睡不着，感觉黑夜就要吞噬掉我。我当时就想，不如死了算了。"

我把她伤痕累累的手腕拿过来，轻轻抚摸着说："告诉老师，你有这么多次试图割腕，是什么力量阻止了你深深地割下去？"

"我害怕。每次拿刀的时候不害怕，感觉心里很轻松，有一种终于解脱的感觉。但是当真割下去的时候，我就害怕，很害怕。不是害怕死，更不是害怕疼，相反，疼的感觉让我很舒服。看到血流出来，心里很舒服。但是，再想深割的时候，就很害怕，害怕我死了，他们会伤心。每到这时，我的头脑中就会出现妈妈伤心的样子，我就很害怕。我不想让他们伤心……随着慢慢长大，越发觉得自己死了对不起他们，对不起那些疼我爱我的人。没有我了，他们会很伤心。我不能这么自私。"说到这里，她擦了擦眼泪，停止了哭泣。

"刚才你说，你没有选择真的割腕，是因为害怕爸爸妈妈和所有爱你的人伤心，是这样吗？"我笑了笑，温和地看着她，重复了一遍她的话。

"是的，我非常害怕他们因为我的死而伤心。想到爸爸妈妈伤心欲绝的样子，我就很害怕，很担心，不忍心去死。"她重复着。

"也就是说，爸爸妈妈以及疼你爱你的所有人都希望你活着，并且要你活得好，是吗？"我问。

她低下头，沉默了。

我抬起头，正好看到角落里的这盆绿萝，便起身搬了过来，放到我的办公桌上，说："这花，真可怜，叶子黄了，有些蔫儿，是不是要死了？要是不死该多好，会给整个办公室带来绿意和生机。咱们把它放到院子里吧，让它晒晒太阳、经经风雨，或许就好了。"

我半自言自语，半和她商量。她愣了一下，好像是在说我还没回答她的问题呢，怎么就去搬花了？但是，她一下笑了，说："老师，这个我懂，不能放到院子里。这盆花是缺少营养，缺水了。得先加点营养液，浇浇水，绿萝很喜水的。等它自己吸收，强壮了，黄叶子自然就掉了，它就精神了。"

"哦？"我故作吃惊地看着她。

"我姥爷养了很多花，经常教我一些常识。绿萝是最好养的，只要营养够，别少了水，她就长得很茂盛。"

她说这些的时候，脸上泛起少有的笑容，声音也大了，整个人给人一种很有力量的感觉。

一眼看到门口边上就有一袋剩余的营养土，我说："来，我们一起帮帮它？"

她很开心地答应了，很麻利地下手松土，一看就知道是经常干活。不一会儿，整理好了，我们俩重新坐下。我看着花说："我们总算帮到它了，但愿它能活过来，长得绿油油的。"

"老师，其实，它已经这样了，接下来谁都帮不了它了。长得旺不旺，还得看它自己。看它能不能好好吸收营养和水分。"她很轻松地说，就像一个小园丁一样，仔细地打量着这盆绿萝。

我笑着看了看她，停了停，说："你此时的状态难道比它还差吗？"

她一下子敛住了笑容，看了看我，一只手碰了碰花的叶子，沉默了。

这应该是一次孕育着生机的沉默。

我一动不动，唯恐打破这份沉默，只是温情地看着她，等待，等待。

不知过了多久，似乎一个世纪，她终于开口了。

"老师，现在我明白了。我不应该是多余的，爸爸妈妈以及爱我的人都希望看到我好好的。我也没有它那么糟糕，只要我自己想好好活，照样会活得很精彩。"

我直了直身子，松了一口气，伸出一只手，做出击掌的动作，说："从今天起，由你来照顾这盆花。我希望看到它蓬勃的生命状态。"

她笑了，伸出手立刻回应。

掌声响亮，笑声爽朗。

从那以后，每天，她一有时间就来侍奉这盆绿萝，而我就陪她聊天。绿萝长得越来越茂盛，她也越来越阳光，两个一度萎缩的生命都在蓬勃绽放。

一年之后，支教结束。

我离开的时候，她把绿萝搬到我的车上，并给了我一个温情的拥抱，然后转身跑回教室。我知道她不想让我看到她的眼泪。

现在，又一次想起她青春活力的背影，我的眼泪也不觉落到了眼前的花上。

扫码听本集

22
——从一锅粥到一片祥和

其实，我内心真正陶醉的是她现在的状态，因为她的状态才是我的作品。

次家长课结束，像往常一样，很多家长都围过来追问、咨
询。

她远远地坐在原来的位子上不动，不说话，也不离开。

留下的家长们逐渐散去了，我用疑惑的目光看了看她。这一看不
要紧，她望着我，眼泪夺眶而出。

看到她有话要说，我来到她面前坐了下来。

"李老师，您刚才讲得太好了，好像句句都是在说我。想想自己，
真是太对不起孩子了，每天除了批评就是骂，天天发火。家长有的毛
病我都有，家长犯的错误我都犯，别人没犯过的我也犯了。从第一次
听您讲课，我就知道我应该改变了；老公来听了一次课，也知道应该
改变。但是目前的情况是，我真不知道该怎么办，不是不想好好说
话，而是实在没法忍受，所以才经常发火。"

她一边流泪，一边说。

原来，这是一个三代六口之家，他们夫妻俩，加上公公婆婆，还
有一对五岁的双胞胎儿子。夫妻俩都上班，为了照顾双胞胎孙子，公
婆和他们住到了一起。

我仔细看了看她，瘦小，文静，说话慢条斯理，看起来很温柔，
但说话的口气却很沮丧：

"我几乎天天发脾气，莫名其妙地就暴躁了。感觉家里每天都鸡飞狗跳，乱成一锅粥，实在让人没法忍受。"

"你说的鸡飞狗跳，乱成一锅粥，是一个什么样子的呢?"我笑了笑，问。

"两个儿子天天打架，动不动就动手，而且经常打得不可开交。有时跟仇人似的厮打在一起，分都分不开。我一回家，他们就都跑过来告状，一怠慢了哪个，另一个就哭，要么两个人又打起来。尤其是弟弟，几乎无时无刻不在告状，一会儿说哥哥抢他的玩具，一会儿说哥哥不和他玩儿，一会儿说哥哥用眼看他。总之，只要一见到我，他就告状，怎么哄也没有用，就是这不行那不行。公公婆婆见我回来，也都过来告状，说哥哥不知道让着弟弟，说弟弟天天找事，抱怨他俩越大越不听话。每次数落完他哥俩，婆婆回头就说我，说我太迁就他们，都是我惯的，说我不回来还好，一回来他们事就更多，非要我少在家里待着，有时候周末都赶我出去。而我觉得本来上班陪他们的时间就少，周末应该好好陪陪他们，但我又不好说。这几年公公婆婆帮我看孩子，的确很辛苦，这俩熊孩子也确实一见到我就事多。其实，我不是故意惯着他们，我也经常批评甚至打他们，但不管用啊。我不好意思反驳婆婆，就让老公和公公婆婆说说。可他更差劲儿，提到孩子就发火，说，听爸妈的就行，哪有那么多事！但是，我觉得爸妈的观点有时候并不对，怎么能全听他们的呢？可是跟老公说这些，根本没用，他连听都不听，还嫌我烦。我也知道他在单位很忙，回家愿意清静清静，但我在单位也很忙啊，我也希望一回到家就好好歇歇。可孩子还得管，还得教育啊。孩子已经五岁了，我俩的意见也越来越不一致，经常偷偷吵架。但吵归吵，却不敢让公公婆婆听见，也不敢让孩子看见，你说我心里堵得慌不？两个熊孩子又没有消停的时候。我现在直接就不想回家了，一想到下班要回家就发愁。"

她一口气说了这么多，眼泪不停地流，看得出，她内心的无限委屈已经压抑了很久。

我递给她纸巾，并没有打断她。

"到了下班时间，同事们都非常高兴，说，又要见到自己的宝贝了。可是，我一到下班就害怕，就心烦。想到一进家门，两个孩子撕着扯着哭哭咧咧，公公婆婆指责抱怨，老公又没法沟通，就感觉头大，简直像掉进了一锅粥里。月底了，单位又特别忙，我感觉自己已经支持不住了，快要崩溃了。李老师，你说我该怎么办？"

她开始抽抽搭搭地哭，过了一会儿，又抬起头，很诚恳又很无奈地看着我，眼泪汪汪的。

"这两个孩子从小吃饭睡觉是由谁带的呢？"

"说到这方面，刚才听了你讲的，我觉得我们家的分工也是有问题的。从生了他俩，我的身体就不是太好，产后很长时间没有恢复过来。爷爷奶奶很心疼孙子，所以，他们从小都是跟着爷爷奶奶吃饭睡觉，我从来不带他们。老大跟着奶奶睡，老二跟着爷爷睡。奶奶很强势，明显看出来老大也很强势、很独立。但是，爷爷脾气好，所以老二就很黏人，事也多。弟弟和哥哥抢玩具，也不是完全抢不过，可一拿不到手就哭，就找大人告状。他就是好哭着告状。我反思，也许是爷爷奶奶的性格影响了他们吧。有段时间我试图让他俩换过来，老大跟爷爷，老二跟奶奶，可是，两个都不适应。晚上，老大直接跑回去找奶奶，老二就哭。这不，最近老二又要求我陪他睡觉，每到晚上就闹着要我陪；奶奶担心我惯坏了他，坚决不让，对他说妈妈腰疼，不能搂着孩子睡觉。开始他还听，后来就不行了，现在每天睡觉前就讨价还价，不答应他就不睡。没办法，我只能答应他，先陪他睡了，再回自己卧室。一开始他很高兴，很快就睡着了，只是早上起来，有时就到处摸着找妈妈。到后来，陪他睡下，等我走了，他经常又半夜醒来跑到我的房间里，赖着不走。老大就没有这些事。"

她停止了流泪，一边想着，一边说着，是在诉说，也似乎是在反思。

我说："爸爸陪孩子玩吗？"

"自从听了你的课，他回家就经常陪孩子们玩了，以前从来不陪。现在和他说孩子们的事，他也不再那么烦了。我们基本上可以商量着做了。他可能意识到问题的严重了。"她笑了笑。

"那好，咱先这样做看看行不行：你们小两口当然要辛苦一下，下班回家吃完晚饭，就让老人出去遛弯，锻炼锻炼身体，你们夫妻俩陪着孩子玩。如果二老不放心，要慢慢说服他们，我想他们会同意的。"

没等我说完，她就点头，并打断我说："他们会同意的。其实，他奶奶是个很愿意到处玩的人，在家待不住，经常抱怨'被俩孩子拖住了，出不去，自己啥也干不了'，还说自己养孩子的时候也没费这些劲。"

我笑了笑，接着说："那就好，你们下班，就让老人也下班歇歇。第二，你要带老二睡觉。但先要给老大一个解释，先让他同意，过段时间他可能又不同意了，到时候咱再说。"

"他会同意的，老大还是比较好商量的。但他奶奶恐怕不同意，又要说我惯着老二。她的观点是越惯越坏，害怕孩子以后再也和我分不开了。我也有这个担心，他会不会得寸进尺呢？"

"先不要担心，试试看。"我非常自信地冲她笑了笑，接着说，"第三，你下班回家的时候，哥俩同时过来告状，你要尽量创造机会，给老二拥抱、抚摸的时间多一些，次数多一些。当然，也不要得罪老大。"

"可是，我担心这个孩子越受宠越缠人。平时我都不敢抱他，离得近了，他就赖在你身上不下来。爷爷奶奶也一再叮嘱我，不要招惹他，晾着他就行。"她很疑惑地看着我，说。

"试试吧。"我笑了笑，"还有第四点，平时哥俩的顺序可以适当打乱一下，不要任何时候都先老大再老二，尤其是分东西，或者他们喜欢做的事情，可以轮流做。也可以在老大没有意见的情况下，适当地让老二优先一些。"

她沉思了一会儿，又把这四条从头到尾数算了一遍，边说边想，最后抬起头来，没有眼泪也没有笑容，像下了决心似的说：

"李老师，我很相信你。你讲的课，似乎是对着我说的，所以，不管怎么样，我都会照你的话去做。我想你这么要求一定有我看不明白的道理。"

我微笑着看着她。看得出来，对我所说的，她想象不出结果会是什么样的，但她愿意相信，所以也就欣然答应照做。

我跟她约好，只要她答应，就要不走样地去做。

就这样，她带着对专业知识的信任和对预期结果的一丝怀疑，离开了。

连我也没有料到的是，不到一个月，当我第三次见到她的时候，她就已经完全变了一个人。容光焕发，精神抖擞，打扮也很精致、时尚；最重要的是，脸上的底色不再是忧郁，而换成了从内心流淌出来的幸福的微笑。

这次，她不再是抱怨，而是报喜。她先从包里拿出一小瓶玫瑰精油，羞答答地递给我，说："送给你的，小东西，我的一点心意。"

"太感谢你了，这么精美！"我拿在手里，欣赏着，很陶醉地和她说。其实，我内心真正陶醉的是她现在的状态，因为她的状态才是我的作品。

"应该说感谢的是我。太感谢你了，李老师，我都不知道该怎么表达了。你知道吗，我们家已经从一锅粥变得一片祥和啦。"

"真神奇！我们照你说的做了，不久就有了变化。变化最大的是老二。他不再吱吱呀呀地告状了，有事还让着哥哥：下楼梯时说'哥哥先走'，洗澡时说'哥哥先来'，现在哥俩基本上不打架了。"

说着，她褪去刚才的羞怯，开始兴奋起来。

"我的公公婆婆也非常开心，尤其是我婆婆，现在每天晚上都去我们小区旁边的小公园唱京剧。这是她的最爱。婆婆帮我们看孩子五年了，没得空去唱，终于又能唱了，整天开心得不得了，也不抱怨了，也不指责我了。我一下班回来，她就表扬他哥俩儿听话懂事，尤其表扬老二，说他突然长大了，懂事了很多。老二听了，也特别高兴。老二不哭闹了，老大就少挨批了。看到老二懂事，老大表现得更好了。爷爷只是乐呵呵地笑。爸爸现在也特别愿意陪他俩玩，说自己在单位辛苦一天，就盼着下班陪儿子玩儿。昨天，我下班回家稍晚了一点，你猜我看到了什么？"

她说着，眉飞色舞起来。

"在我们家楼道里，爸爸空着手走在前面，还回头笑着；两个儿子正气喘吁吁地抬着一大箱积木爬楼梯。我一看，吓了一跳，五楼啊！赶紧上去帮忙。没想到哥俩儿死活不让我靠近，说，他们是大力士，自己就能抬上去。也不知道爸爸使了什么魔法，还在前面冲我直做鬼脸，一脸得意的样子。"

她不停地说着，满脸的幸福溢满了整个屋子，也融化了我的疲劳。

"对当时提出的做法，你现在还有担心疑虑吗？"我看了看她，故意问。

"太佩服你了，李老师，现在我想明白为什么了。其实，整个家庭乱成一锅粥的主要原因就在两个孩子打架，打架的主要原因是老二在找事、告状，所以一切问题的关键就在老二身上。而老二天天生事告状的原因现在我也明白了，其实是缺爱，而不是被惯的。这就是你在课上讲的'要建立安全型依恋关系''五岁的孩子是黄金宝宝，也是对母爱最渴望的年龄，如果补充足了，孩子就能健康成长；要是不足，他就可能用一生寻寻觅觅'。老二是得不到爱的满足，才天天缠人找事的。我记得你说过，'忽视、过于武断和方法不一致的抚养行为与非安全型依恋有关'。他越得不到满足，就越到处寻衅找事。就是你说的，以前'他所有的表现无非是在讨要爱'，现在，我带他睡，并经常拥抱他。再看他的小脸、小表情，总是很满足的样子，玩得也开心了，基本上不再找事了。偶尔哥哥也要跟我一起睡，我就带他俩睡。但是哥哥还是很习惯和奶奶睡，不一会儿就自觉回奶奶房间了。"

她说着，满脸自豪。

"哇，反省能力越强的母亲，就越容易培养安全型依恋的儿童，你这理论加实践，很快就成育儿专家了。"我打趣说。

　　"不行啊，学来的东西都在纸上，懂，但不知道具体怎么做。现在我们家算是暂时理顺过来了。可我弟弟的儿子也是个问题包，也是五岁半，主要表现就是暴力、攻击，像破坏玩具、摔东西、打人骂人等等。李老师你看看，这个是怎么回事?"她很急切地问。

　　"要找问题还是得和他的父母谈啊，你忘了我们讲的，问题孩子的背后往往是家长的问题了?"

　　我冲她笑了笑，一是回答，一是引导她自己思考。

　　她为自己刚才的着急尴尬地一笑，解释道："是啊！只是弟媳看到我儿子的变化，一直吵着要来见你，可我弟弟就是不开窍，回头我就去动员他们。"

　　我突然想起，她也是孩子变化很大的她的表姐动员来的。如今，已经远离了焦虑和憔悴的她，不但自己已渐入育儿的佳境，而且也开始传递"爱的教育"的福音了。此情此景，真美！

23

一个错误的链接

"我终于知道了，老师，原来让我不开心的，给我带来痛苦的并不是数学本身。"她很聪明，突然明白了似的说。

这个女孩站起来提问的时候，笑嘻嘻的，周围的同学也在偷偷打趣。看得出，她人缘很好。

她用手捅了同桌一下，示意他别捣乱，一边笑着说："老师，我的数学是弱科，很弱很弱的那种。现在不只是数学，与数字有关的物理我也不喜欢，甚至很讨厌。眼看物理成绩也越来越差了，我不知道该怎么办。"

说完，她仍然笑着。

提了一个让自己头痛的问题，却用了轻松的态度和看起来很快乐的表情，我不禁有些好奇地打量着她。

胖乎乎的脸蛋儿，肌肤白嫩，微微透着红晕；一双眼睛像月牙儿，似乎总是在笑着。

没等我说话，她又继续说了下去。

"不是学不好，是自己实在不愿意学。物理还好，大不了高二不选学这一学科了，但是数学必须得学啊。无论选文科还是理科，都离不开数学。我曾经不止一次地逼着自己好好学，可是一翻开数学书就心烦，就想吐。现在看到物理也这样了……怎么办啊？"

说到这里，她脸上的笑容渐渐消失，微微皱起眉头。

"你说数学是你的弱科，从什么时候开始的？"我问。

"从小，从我上幼儿园开始。"她干净利索地说完，抬头又冲我笑了笑。

一个上幼儿园的孩子是不可能知道什么是数学什么是语文的，她怎么会说那个时候自己就讨厌数学呢？在她的心里，让她讨厌的这个"数学"到底是个什么东西呢？她的回答里肯定藏着问题，我立刻追问：

"幼儿园？你在幼儿园的时候是怎么知道数学和语文的？"

"不知道，我也不记得了，反正从小就讨厌数学。那大概是从小学吧。"

"再好好想一想，你最初感到数学很讨厌是在什么时候？当时发生了什么？"我凝视着她的脸，慢慢地问。

"印象最深的是上小学的时候，有一次，妈妈没来得及检查我的数学作业，我就赶快偷偷交上了。结果第二天上课，10道题，错了3道。数学老师把我叫到讲台前面，当着全体同学的面，把我的本子撕碎了，扔到地上，指着我的鼻子骂，说'弱智才把作业做成这样'，还问我是不是弱智。当时，我太难受了，恨不得找个地缝钻进去。"

说到这里，她的眼泪夺眶而出，表情不再轻松，更没有了笑容。接过同桌递过来的纸巾，她越发不能控制地抽抽搭搭地哭出声来。周围有几个同学也跟着流泪了。看来受到触动的不在少数，而她的伤疤可能最深。

就这样沉默了一会儿，等她稍稍平静了，我和她约好下课后找个时间到我办公室单独聊。

第二天，她来了，依然微笑着。也许心里没有笑，但眼睛看上去是在笑，至少表情是轻松的。我也微笑着看了看她，示意她坐下。一坐下，她的笑容又没了，脸上立刻沉重起来。

"老师，我从昨天一直在想，小学的那件事过去很多年了，我有时根本就不记得了，也从来没有提起过。但是不知道怎么回事，当你问我发生了什么，我的脑海里立刻很清晰地呈现出那副画面：数学老师恶狠狠的脸，小小的我站在那里可怜的样子。"说着，她的眼泪再一次流了出来。

"现在我们来回忆一下，你让自己再次回到那个场景中，去体验当时的感觉……"我陪她坐好，轻轻地说。

沉默了一小会儿，她抽泣起来。

"记得你说当时自己很羞愧，恨不得钻到地缝里。除了羞愧，当时还有什么感觉呢？"看到她进入状态，我轻轻地问。

"很生气，很愤怒，很恨。"她说着，伤心中出现了愤怒的情绪。

"恨？恨老师？恨数学？还是恨别的什么呢？"我问。

"我不恨老师，他是为了我好。我妈妈也当老师，数学老师是我妈妈的朋友。我进这个班也是妈妈特别找的他，让他教我、看着我、管着我。"她很平静地说着。

"那你恨的是？"

"我恨数学。当老师让我捡起练习本的时候，我恨不得一脚把它踢出去，再撕碎扔掉！但我不敢。老师看着我，我只能表现得好好的，很仔细地展平，一点点地收拾好。那一刻，就像在抚平我已经碎了的心，很痛，很痛。我想大哭、大喊、大叫，但是我只能使劲儿憋着，把力量深深地压在心里，在同学们的目光中，在老师的监督下，收拾好本子，说我错了，以后改正。"

她说着，愤恨的情绪也来了。很明显，她是把当时羞愧、愤恨、懊恼等一系列痛苦体验和"数学"建立了一个链接，从此就恨上了数学。

"记得你说妈妈忘记检查，你是偷偷地赶快交了作业。为什么偷偷地赶快交呢？"我挑明了另一个细节。

"也不知道为什么，感觉妈妈没来得及看，真是太好了，赶快交上就得了。要不然，妈妈检查的时候又会说这不行那不行。有时候即使我做对了，她也会说我写得不规范，让我重写；一旦有错，就罚我再多做一些同类的题目。她买了很多数学试卷，而且经常在我耳朵边说数学多么重要，说女孩一般都学不好数学。其他的作业她不怎么管，就是天天让我重视数学。"

她说着说着，表现出了对妈妈的不满。

"你是说，妈妈自己心里有个认知：女孩儿一般学不好数学，因此对你的数学学习很担心、很焦虑，并在这份担心焦虑中不断催促你、要求你，是吧？"我问。

"是的。她说女孩儿普遍数学学不好，必须从小打好基础。我上幼儿园的时候，她就买各种与数学有关的玩具。那时，我模糊地感觉到数学是个很厉害的东西，很难。还不仅仅如此，嗨——"她停顿了一下，接着说，"在她心里，学习就是最重要的，天天叨叨，说学习成绩不好考不上好大学，一切都白搭。我从小生病就没请过假，感冒发烧也是吃了药再去上学。初三的时候，有一次我在学校发烧很厉害，恶心呕吐，没法上课，老师让我回家休息。我一回到家，她第一句话问我的是'请了多长时间假'，然后就在计算能耽误多少学习，落下多少数学课。当时，我一边恶心呕吐，一边恨死了学习。我都这样了，她还那样强调学习，学习有那么重要吗？真的比命还重要吗？

　　"那次，我故意多请了几天假，最后实在不忍心看到她着急的样子，就去上学了。但是，那段时间我非常讨厌学习，尤其讨厌数学，因为数学老师对我太严格了。那是我上学以来最不用功的一段时间，上课经常偷偷玩，作业也不带回家。只要数学老师上课，我就把头低下，尽量不让他看到我，免得提问我。妈妈问我学习的事，我就编个理由哄她，所以那段日子过得还挺舒服的，但是自己成绩却下降很快。妈妈也是这所学校的老师，就经常去班主任、数学老师的办公室问原因。我很害怕，害怕成绩继续下降，更害怕他们发现我偷偷玩。"

　　她的表情由沉重变得轻松俏皮，又由轻松变得沉重忧伤。

　　"好一场微妙的战争啊。"我冲她笑了笑，打趣说。她也扑哧一声笑了出来。

　　"他们似乎没发现什么。但从此妈妈盯我的学习更紧了，让数学老师给我多布置作业，有时还让数学老师来家里辅导，几乎让人喘不过气来。直到下学期，春节过后，妈妈被我吓着了，才不逼迫我了。那次是拉练考试后，考试成绩已经在任课老师那里了，但是还没有公布。晚上吃完饭，妈妈要带我去数学老师的办公室查查成绩。我突然很害怕，不想去，但妈妈非要我一起去。她过来叫我的时候，看到我坐在书桌旁浑身哆嗦，吓坏了，问我怎么了，我也不知道怎么了，就说我很冷。当时我感觉特别冷，浑身发紧。妈妈赶紧给我倒了杯热水，说不去查成绩了。看到我这样，妈妈可能意识到问题严重了，就去跟数学老师说了我的情况，并嘱咐他不要管我的学习了，让我放松放松。我一下子感觉像松了绑一样，再也不用和数学捆绑在一起了。但是仍然不想学它，直到现在一想到它还是害怕。不是完全学不会，就是一打开数学课本就感觉紧张，不舒服，硬着头皮看下去，就恶心想吐。"

她滔滔不绝地说到这里，转头看了看我。

"和数学的纠缠还真不少呢！想一想，还有什么让你不愉快的事吗？"趁她停下来，我插进了一个问题。

"应该没有什么事了。嗨，从来就没有愉快过！但是很奇怪，以前我并不知道为什么自己和数学的关系这么乱，这是在和你聊的过程中才发现的，包括和两个数学老师发生的事情，我一直认为自己早就忘记了，没想到它们还清清楚楚地在那里呢。"

她看着我，满脸疑惑，似乎等着我给予解释。

"你说得很好，很详细。我想，现在你大概可以简单总结一下你和数学的关系了吧？"我并没有回答她什么，因为答案就在她心里。

"现在，我非常清楚我和数学的关系了。我从小，因为妈妈的一再强调和暗示，觉得数学很难、很可怕；小学时，被数学老师撕碎本子的经历，让我恼羞成怒，并嫁祸于数学，开始痛恨数学；初中时，数学老师的严厉，让我害怕数学，一直发展到害怕得浑身哆嗦。"

她三言两语概括出来，思维清晰，逻辑严密。

"你的意思是说，是那些痛苦的情绪体验让你不喜欢数学？"我总结了一下她的话，并试图带领她将过程中的人、情绪、"数学"分离开。

"我终于知道了，老师，原来让我不开心的，给我带来痛苦的并不是数学本身。"她很聪明，只沉默了一小会儿，就突然明白了似的说。

"是妈妈的紧张、焦虑和吓唬，还有小学老师的打击羞辱，初中老师的严格控制，给我造成了很大的痛苦和伤害。但因为他们都是为了我好，于是我就把这痛苦归罪于数学了。恨它，所以学不好它；学不好，就更加恨它，同时又怕它；后来成绩上不去，就开始恨自己无能。对数学的恐惧、怨恨以及自己的无能感，就像大石头一样沉重地压着我，让我喘不过气来，直到恶心呕吐。昨天说出那次羞愧的事情，我还一直纳闷，自己为什么轻松了很多。今天在您的引导下，我几乎说出了全部，包括我认为自己早已经忘记了的事情。"

她的悟性很让人高兴，不用做太多引导，她便一语中的地抽象出了事情的本质。

"现在你的感觉怎么样？"我起身倒了杯水，分明已经感觉到了她的轻松。

"我感觉浑身轻松，舒服极了，好像卸掉了一块绑在身上多年的大石头；心里也突然感觉不乱了，很清晰，很明白。老师，是不是将这些伤痛说出来就好了？"她探过头，俏皮而又好奇地问。

"能说出来很重要，但最重要的是找到原因以后，要处理好它。其实，它并没有被忘记，更没有消失，只是被你深深地掩藏了。因为当时没有处理好，它就带着满满的消极情绪作为未完成事件，成为留在你生命年轮里的疤痕；随着你的成长，它常常在呼喊你的看见。你一旦看见并理清，问题就会大白于天下，症状自然就消失了。现在，你已经解除了一个错误的链接，理清了和数学的关系。"

我感觉说的似乎有点深奥，便停下来观察，看她是否能懂。

"老师，我知道了。我恨的不是数学本身，而是那些痛苦的体验，是他们的那些处理方式让我体验到的愤恨、苦恼、怨恨、恐惧等等，而我却把这些和数学连在一起来，并错误地讨厌数学。这些年真的是冤枉数学了。对不起，今后我一定要好好对待你，你也一定能让我有个好成绩的。"

她双手合十，放于胸前，低头闭眼，很诚恳，像是在对数学说，也像是在对自己说。

看到这个灿烂的生命解放后的美丽和可爱，我不觉莞尔。

扫码听本集

24

——

我到底为什么要学习

我们难道不应该好好反思一下我们的一些教育方式和方法吗？到底还
要伤害多少鲜活的生命，才能敲响那振聋发聩的警钟？

"**我**为什么要学习?"

"难道学习就是为了考上大学吗?"

"考上大学又能怎么样?"

"到底我为什么要学习?"

当她连续发问"我为什么要学习"的时候,我被她皱着眉头、浑身肌肉紧绷的认真劲儿逗乐了,心里暗暗好笑,但很快又生出丝丝酸楚。是什么让她——一个高中的孩子,这么抗拒学习?

显然,和妈妈一起前来咨询的她,带着自己鲜明的观点,摆明了是来质问我的,然后寄希望从我这里能得到一个明确的答案。

我不觉仔细地看了看她,中等个儿,面容清秀,皮肤白皙,短头发,戴个黑框眼镜,穿一身短袖运动服。不听声音的话,看上去很像个小男生。

来之前,我已经大致了解了她的情况。用她妈妈的话说,她小学时成绩还算很好,初一成绩最好,初二开始叛逆,初三不想上学了,于是转学到了老家乡镇学校。但是,因为不认真学习,没考上高中,托关系缴培养费上了一所重点高中,一年还没结束,就又转学到了另一所重点高中。在那里上了一年,高二结束,又转学来到了现在的高中,从高一开始重新上。也就是说,上了十一年学,转学四次,高中两年就上了三个学校。

"为了她上学，我们真是费尽了心。"妈妈在电话里诉苦说，"但是，不论我们怎么努力，现在看起来一点用都没有。孩子学习成绩不提反降，而且越来越不愿意学习；她爸爸整天喝酒不回家，回到家就是骂她，要不就是骂我，说是我惯的她。但是，不管怎么样，到了该上学的年龄，就得上学啊，而她现在就是不想上学，你说该怎么办？现在她放假在家，除了玩手机就是看电视，一提到学习就胡言乱语，说什么活着没意思，说自己想到一个荒无人烟的地方去……听到她这样说，我心里就非常害怕。不上学就不上学，可千万不能有个三长两短，要是那样我也没法活了。听了你的课，我一下子触动了。走到今天这个地步，责任在我们做父母的，是我们不懂孩子，不懂教育。而且更重要的是，您说厌学的背后，其实是很大程度的厌世。太对了！孩子的成长真的不只是学习成绩的事儿，首先她得高高兴兴地活着才行。"

看来，这又是一个极度厌学的孩子。

挂断电话前，我问孩子妈妈："孩子愿意见心理老师吗？"

"愿意。在初中的时候，她就提出让我们给她找个心理老师聊聊，我们没当回事儿，觉得她没有心理病。听了您的课后，我才知道，心理老师不是光治疗心理病的，治疗是很少的一部分，帮助孩子健康成长才是重要的。要是早意识到，请你们懂心理的老师指导一下，也许就不会走这些弯路了。"

我又问了几个问题，并约好今天让她带女儿来见面聊。

我又看了看对面这个女孩儿，见她像做好了战斗准备的小刺猬似的，正等着我的回答呢。

我冲她温和地笑了笑，没有回答她的问题，而是反问了一句：
"你为什么不学习？"

"因为我不想学习，我不喜欢学习，讨厌学习。即使我知道应该
上学，但是不喜欢学习，我怎么能学下去呢？"她毫不犹豫地回答了
我的问题，看来这些理由已经经历过无数次的陈述，早已烂熟于心
了。

"哦，你不喜欢学习是从什么时候开始的？不喜欢的感觉是什么
样的？"我问。

"我从小就不喜欢学习。不喜欢的感觉就是很厌恶，很想逃离学
校，在教室里直接待不下去，一直待着就感觉自己要得抑郁症了。上
小学的时候，我喜欢读书，可是有做不完的作业。每次放学回家想看
故事书，爸爸妈妈就不让，说写不完作业就不能看书。可是每次写完
作业，他们又说到睡觉的时间了，又不让我看书。我太讨厌那些作业
了，又不能不做。其实，老师布置的作业我都会了，还要写很多遍。
我和爸爸妈妈说，我都会了，不用写了，他们就批评我，骂我，也打
我，说我不虚心。难道上学就是为了写作业吗？更让我感到厌恶的
是，每到考试前，就要天天重复做那些题，重复背那些已经倒背如流
的课文。有一次，别人都在背，我偷偷看课外书，被老师抓住，老师
说我不务正业，当时我还不知道'不务正业'是什么意思，反正就是
不干正事儿，同学们都哄笑。但我觉得，读书也能学到很多东西，小
故事啊，成语啊，怎么就不是学习了呢？所以从那时候起，我就开始
讨厌学校。"

她一边说着，一边皱起眉，低下了头，声音也越来越低。

"我不理解学校的要求，考试前为啥背试卷、背答案。初三的时

候我转学了，去了老家的一所中学。但是，那里的老师也是机械地重复，同学们都老老实实地按照老师的要求一遍又一遍地重复。我实在受不了，就看小说，看人物传记，越看越觉得学习应该是自由的，越看越讨厌他们这种强制的学习方式。可是，为我不学习这事，我们家战争不断，爸爸经常打我，所以我恨死了学习。凭什么啊……"

说着，她流泪了。一小会儿的沉默之后，我说："你的意思是初中的时候，你最讨厌学习？"

"是的，那时候我就非常讨厌学校，几乎不想在学校里待着。天天不学习，结果没考上高中。爸爸妈妈非常吃惊，因为凭着我的能力考重点高中是没有问题的，后来他们想办法送我到了××中学。我自己似乎也警醒了，觉得应该好好学习了，而且对高中的老师充满了期待。但是，事实并不是这样的。来到高中，我更加压抑了。高中作息时间安排得非常紧，中午吃饭就 20 分钟，从教室跑到餐厅，抢上饭吃完，又赶紧跑回教室，真正吃饭的时间也就五六分钟。一直到晚上 10 点才回到家，还要做大量的作业。老师也是要求背、背、背，居然连数学公式也是背，且不问来源。还有作文，考试前发范文让背，考试就照着写，这和抄有什么不一样？老师居然给这样的同学高分，还在班里进行表扬。我实在理解不了。"

说着，她抬起头，很无辜地看着我，表现出相当的不服气。我点点头，示意她继续说。

"那种气氛太压抑了，撒谎，欺骗，明争暗斗，不过就是为了一个分数，我真不知道自己为什么学习，难道就是为了一个高考分数吗？那考上大学又怎么样呢？我不知道他们的目标是什么，我更不知道我的目标是什么。我曾经强制自己为了取得一个高分去学习，可是，实在坚持不了多久。不喜欢怎么可能学下去呢？我不知道这种教学方式到底怎么样，我甚至想这种教育制度可能不适合我，不适合像我这样想自由学习的孩子，但是，我又不知道哪种是适合我的。反正我越来越不喜欢学习，我快要疯了！"

她说着，低下了头，不言语了。

"你说，你从上小学就不喜欢学习，在学校就很不快乐，不喜欢上学。那我想知道，日常生活中，你最喜欢的事情是什么？什么让你最快乐？"

我看了看她，试探着问。

"什么让我最快乐？"她沉思了一下，说，"没有让我快乐的事情。"

"想象中的算吗，老师？"她突然眼睛一亮，说。

"可以，只要让你感到快乐的事情，都可以说说。"我点点头。

"最快乐的事情就是想象我去非洲，去那荒无人烟的地方，去热带丛林，去和那些动物们一起玩耍，一起自由自在地溜达。我太爱那些动物了……"

她越说越兴奋，脸上流露出无限陶醉的表情，看起来已经完全沉浸在了她的想象里。

但，一会儿，她的脸色又阴沉下来，说："其实，很多时候，我想离开这个世界，但又不能死，因为爸爸妈妈会伤心。就是想离开，躲得远远的。放假看《动物世界》节目，我终于知道了，我就是应该去它们那里，去和那些动物们在一起，它们或许会懂我。"

说到最后，她几乎是在自言自语，那种深深的无奈让人很心酸。

"打断你一下，对于多次转学和留级，你的感受是什么？"

这个问题把她从想象中拉回到了现实。

"无所谓。转吧，反正到处都一样，随便怎么转。所以，转学并没给我带来什么不好的感觉，反正转到哪里我都逃不出这种教育方式。不过，现在我也在反思，反思是不是自己的知识不够，对目前的这种教育方式看不透，或许它对我的成长还有好处呢？起码是可以磨炼我的意志吧！于是，我就以试试看的态度去学习，成绩提高倒也很快。但是，坚持不了多长时间，我就又厌倦了。毕竟，我不知道这种方式对我到底有好处没有，我付出这么多到底有什么用，所以还是不喜欢学习，看到学习就烦躁。我到底为什么要学习？这个问题就这么一直困扰着我，我真的快要疯了！"

她的话语充满了无奈和怨恨，但也看得出，面对这种窘境，她并没有完全放弃，而是在努力挣扎。

"好了，我们从头理一理。你刚才的意思是说，你不喜欢学习，讨厌学习，所以你想学也学不下去，以至于你很痛苦，不知道自己为什么非要学习，是这样吗？"我顺便拿过纸和笔，和她一起理清她的诉说。

"是的。不喜欢学习，怎么能静下心去学习呢？我很想学，但没有动力，学不下去。"她点头强调。

"是那种不喜欢和厌恶，或者说讨厌的感觉，让你无法学习，让你没有动力，是这样吗？"

我进一步追问，她点头答应。

"那么反过来就是，如果对学习没有不喜欢、厌恶和讨厌的感觉，你就能学习了，这样没错吧？"

"应该是吧。"她抬头望着天花板想了想，说。

我顺手在纸上画了三个图形：圆、三角形、不规则多边形。

"这个圆代表你，这个三角形代表'你的学习'，这个大的乱七八糟的多边形代表你说的'教育方式方法'。"我一边解释，一边抬头看她能不能懂，见她点点头，就继续说，"这个多边形里有你说的小的时候你想看书却不能，只是天天重复写作业；有老师让你无数次地重复学习；有老师弄来题目让同学们背答案；有考试前背答案；有背诵数学公式且不探究来源；有背范文却得高分；有几乎吃不上饭伤害身体和过紧的时间安排；有你对整个教育制度和方式的无奈，甚至还有你对父母打你的怨气，等等，统统都在这里。"

我侧过脸，对着她微笑着，表示出询问，她一边点头，一边好奇地看着我。

"这个不规则的多边形里的东西，让你不喜欢、讨厌、无奈，甚至愤恨？"

她不住地点头。

"也就是说，让你不喜欢、厌恶、讨厌、无奈甚至愤恨的东西是你眼里的'教育方式方法'，而与这个三角形没有关系。"我指着那个三角形说，她忙点头表示同意。

我继续指着不规则的多边形说："但是，你又没有办法改变它，它像一张无形的网，你在它面前是那么渺小和无力。无力改变又不想接受，使你非常矛盾和痛苦。而在你矛盾和痛苦的时候，你又必须学习。于是，你就把所有怨气发泄在它身上，因为它是你唯一可以控制的，是你能说了算的。"说着，我又指了指三角形。

她有些蒙了，盯着我刚才画的图形和线条皱眉沉思，好像明白过来了。

"是啊，我把对他们的不服气发泄到我的学习上了。因为我无法对抗他们——父母、老师、整个教育方式和方法，他们的力量太强大了！我被他们控制得无法呼吸。这不是学习的事儿，我不应该拿学习说事儿。但是这个东西就像一张无形的网，我根本无法改变它。无法改变就接纳吧，因为所有的对抗都会让我更加痛苦，所以我只能改变我自己，我要好好学习，最起码也该是试试看吧。学好了才有可能回来改变我认为不合理的东西。"

看到她与自己和解，与学习和解，生命重新充满了力量，本该万分高兴的我，却心头十分沉重。

她，要在接纳现实中好好改变并强大自己了，而我们呢？我们难道不应该好好反思一下我们的一些教育方式和方法吗？到底还要伤害多少鲜活的生命，才能敲响那振聋发聩的警钟呢？

附 录

01
——
解放受困的灵魂

李百芹心理奇点教育的探索之路

1970 年，英国理论物理学家霍金等人提出"奇点定理"，认为奇点是大爆炸宇宙论所追溯的宇宙演化的起点，这是没有大小的"几何点"，它具有一系列奇异的性质，也称奇异点。空间——时间在该处完结，一切已知物理定律均在该处失效，所以不能预言在奇点处会发生什么。

如果说人是宇宙的缩影，那么，在人心灵的世界里，有没有类似奇点的存在？如果有并被探寻到的话，那么它对人的成长，特别是对教育，意味着什么？

在山东省寿光市现代中学，有一位叫"舒悦"的老师。"舒悦"真名叫李百芹，"舒悦"是她的网名，也是听过她讲座的人最喜欢称呼她的名字。几十年如一日，李百芹细察心灵的纹理，详参成长的年轮，与上千个求助者互动，和几万听众共情，终于发现：在孩子们的成长历程中，可能会出现类似黑洞的现象：家长、老师、朋友……不管是循循善诱，还是苦口婆心，抑或是当头棒喝，教育力量对一些孩子竟然失效了，育人规律好像不能在其身上起作用！

——教育失败！

冷冰冰的结果，宣判了多少阳光少年的灵魂的死刑？

这是成长的黑洞，还是新的成长奇点？

李老师用心血与汗水，敲定了后者！

的确，哪一个正常人的童年不曾灵气逼人？如果每个人从出生都自带天赋，那么，天赋的磨灭，远比发育简单得多。

总有一种教育能打开心灵之锁，解放受困的成长内力。

李百芹所探索的就是这样一种教育，她把它命名为心理奇点教育。

心灵被锁天地暗，何处灵犀一点通？
——三个故事引出的教育追问

精神分析心理学奠基人荣格在《原型与集体无意识》中写道："在所有混乱之中都有一个宇宙，在所有无序之中都有一个秘密秩序，在所有善变之中都有一个固定法则，因为发挥作用的一切都是基于对立面的。"

就人个体而言，混乱中的新宇宙，无序中的秘密秩序，嬗变中的固定法则，在何处才能得到？李百芹发现，就在复杂心灵纹理的奇点！

故事一：什么也不会的男孩

20世纪80年代初，李百芹上小学四年级。班上有个男生成绩很差，差到什么程度？就是什么也不会。老师用尽招数，他就是学不会。四年来每次考试，都给班级拖后腿。

后来，老师让李百芹和他结对子。李百芹当时还不懂做什么思想工作，只是利用课间帮他学习。奇怪的是，她每次教的知识，他都能很快学会，包括非常难的数学题！看到他高兴地学习并且很快能学会，所有老师和同学都感到不可思议。

可是一回到课堂听课，他仍然什么都学不会！

李百芹又多次试验，结果一样：凡是自己教他的，他都能很高兴地学会，而回到课堂一切又归零。

当然，结对子并没有真正改变男孩的命运。且不说李百芹说不出自己有什么方法，就是明白用了什么方法，也是无法复制的。

"要改变命运的轨迹，必须找到问题的共性，并为之建立一种范式。"多年后，李百芹面对更多的"什么也不会"的孩子求助时，明白了这个道理。

回首往事，奇点心理理论在她的心里开始萌芽。

每一个油盐不进、软硬不吃的"学困生"，都困在自己的世界中。多种教育尝试在这个世界中都失效。那里是一片死寂，还是新生前的混沌？

"神说：'要有光'。于是就有了光。"

但不是每一个人都能当自己的神，因为他隐于黑暗。你（他）说，要有光，就有了光——那是成长的奇点，外来之神恰好与你（他）同频。譬如，什么也不会的男孩，一旦结对子便会成功，正是因为巧合地触动了他混沌中的奇点。

故事二：邻家女孩，渐行渐远的高才生

如果说"什么也不会"的男孩佐证了教育合力并非万能，那么邻家女孩的故事则诠释了"教育反作用力"的存在。

从上小学开始，李百芹就和她同班，她俩成绩基本相当。百芹一般是双百分，邻家女孩一般会被扣掉一两分。她被女孩及其父母视为对手，女孩也发誓要超越百芹。于是，在与百芹的不断对比中，邻家父母对女孩学习的严格要求不断加码。百芹至今还记得那个周末，女孩父母约百芹到她家里写作业，大概是想侦察一下两人的不同之处。做完作业，女孩父亲开始让她们听写汉字，听写的都是偏僻的汉字，根本不在生字表上。百芹一脸茫然，而女孩很快就能写下来。

看着自己本子上的一片红勾，女孩的骄傲溢于言表，她的父母也得意扬扬。百芹觉得很没面子。

孩子的感慨只是一瞬间。百芹自己的学习方式还属于放养式的，但学习成绩一如既往地稳居第一，她也不以为意。邻居父母继续对女孩严格要求、加码管理，但女孩的成绩却不断下滑，后来就不怎么学习了，并开始逃课。

后来，百芹大学假期回家，务农的女孩一直回避百芹。她的父母则很羡慕地问这问那，惋惜地唠叨孩子不好好学习，现在整天土里刨，生活不易。

最令人无语的，是愚昧的轮回。严格的管教锁住了孩子与生俱来的成长内力，而当年那些在严格管教下渐行渐远的小高才生们，又在沿袭着父母的做法，经常责罚甚至打骂孩子，有时还痛说往事，"自己当年如何优秀，都因为不好好习，今天才……"

难道真的是因为不好好学习吗？

故事三：发现谈话恐惧症

谈话，被认为是促强补弱、解开思想疙瘩、激励后进的最为有效的方式。成绩退后了，谈话，鼓励迎头赶上；成绩提高了，谈话，提醒戒骄戒躁、再接再厉；没达到预期目标，谈话，出主意、想办法，让其下保证……

对所谓目标生、边缘生、学困生来说，高三是谈话的密集区。学生的压力像上了发条，日复一日地在无形中加紧。老师表扬的总是那些埋头苦读的，他们被表扬的理由也是他们苦读的样子，至于他们的内心，至少是可以暂时被忽略的。

李百芹教高三语文的时候，经常很卖力地找学生谈话，口干舌燥之后，"很有成就感"地认为这些学生又有了新的动力。

细腻的心灵和敏锐的目光永远是教育家才有的天赋。渐渐地，李百芹发现谈话作用并非总能如人所愿。有些孩子确实因为谈话振奋了一把，有些孩子谈过之后却依然不在状态；有人迷恋跟老师谈话，有人却非常回避，喜欢一个人躲着，不想让任何人看到他……但老师们的办公室里几乎不间断地有孩子被谈话，更有家长也求老师跟自己的孩子谈谈。

没有人怀疑过谈话这个法宝的威力，如果效果不好，一般也归因于孩子不听话。

每年高考结束，几家欢喜几家愁，总有孩子发挥很好，也总有孩子发挥较差甚至很差。为什么那么多孩子总是背着沉重的包袱迎战？老师们在考前都很认真地地做了思想工作，谈话谈得连嗓子都哑了！

直到有一天，已读大二的一个学生给百芹来信坦言了心声："老师，现在我才敢跟您说，我恐惧被谈话！我的高考成绩应该还能更好些，都是我们班主任在考前找我谈话谈的。谈一次，我害怕一次；谈一次，我害怕一次。他只看到我在玩，却根本不知道我的心里需要什么。"

这封信是李百芹"谈话情结"的梦醒时分，她并因此创生了一个新的心理学概念：谈话恐惧症。

既然"话是开心的钥匙"，那么，是不是也能成为锁心的门闩？

诚然，话是必须谈的。在教育实践中，谈话毕竟是最常用也是最有效的常规手段。但是，听懂被谈话人行为背后的故事，并与他共鸣、共情，之后的谈话，虽寥寥数语，却会胜过千军万马。

教育的追问中，李百芹飞向了心理的星空。在当好语文老师的同时，她自费进修，自费买来专业书籍，见缝插针地向皮亚杰、华生、斯金纳、詹姆斯"请教"，和弗洛伊德"彻夜长谈"。

渐渐地，她明白了，成长中的孩子最需要的，除了吃穿、求知、谈话，更需要的是陪伴，是共鸣，是共情！

于是，从 2014 年开始，每年的阳春三月高考临近，当年她任教的圣都中学都分别为家长和学生举行"陪伴高考"主题讲座。

当李百芹用鲜活的案例展示出一幕幕因家长的过分期待与焦虑所导致的悲剧，并指出家长在给孩子帮倒忙的一系列言行时，对号入座的家长们热泪盈眶，如梦方醒：

在高考的紧张、焦虑中，原来孩子们需要的不是我们的教导，而是我们的理解和陪伴！原来我们不厌其烦的嘱托是帮了倒忙……

以后，李百芹又应邀把自己的"陪伴"课程开到了五所兄弟学校，并延伸到了初中、小学乃至幼儿园，为一个个孩子打开了心智之门。

心事浩茫连广宇，于无声处听惊雷

—— 藏在弱科与失眠背后的灵魂呐喊

霍金曾说："自从文明开始以来，人们即不甘心于将事件看作互不相关不可理解，他们渴望理解世界的根本秩序。"

"根本秩序往往是掩盖在无序的现象下面的。从教育对象的无序中发现秩序，是老师的神圣使命。"李百芹在日记中写道。

故事一：撕掉标签的诅咒，他从"被失常"的宿命中脱困

平时考试都发挥良好，每到大考却发挥失常。

发挥失常，成为高考失利者最大的理由。

为什么在关键时刻发挥失常？

——弱科！都是弱科惹的祸！

抓弱科、促弱科、补弱科，开小灶、上补习班，老师、家长、社会多管齐下，不惜代价攻坚克难。弱科好歹改观一点点，其他科目成绩又下跌到红线！

弱科，拼命都摆脱不了的"致命短板"，让我发挥失常，让我无语噤声！

"每当大考就发挥失常"，是个伪命题，你信吗？

开始，李百芹也是不信的，直到她亲历了一个弱科生"秒变"的奇迹，她才坚信多数孩子是"被失常"了！

当某个标签被贴到某个人身上，它携带的"自我实现功能"就会像病毒那样，由表及里、由内到外，成为一个人一辈子的短板。而负面标签则如同贴在五行山上的那张如来佛的符箓，尽管轻如鸿毛，但

即便有翻天覆地之能的孙悟空也一点都动弹不得！

那标签就是心锁！

下面是心理健康课堂上李百芹和一位男生的对话。

"老师，我很想学好，但是数学是我致命的弱科，简直让我无语。我不是不努力学，而成绩就是提不上去。总成绩还好，就是数学很差，真要命。"

"你说数学是你的弱科，是从什么时候开始的？"

"从七年级时。"

"你的意思是，七年级之前你的数学并不弱，是这样吗？"

"是的。"

"上七年级的时候，你是怎么知道数学是弱科的？"

"上七年级的时候，有一次考试总成绩不好，我觉得是数学没考好的缘故。分析总结的时候，老师让我们找弱科，我就写上了数学。当时并没觉得怎么样，也没有采取什么措施补弱科。"

"那，你是什么时候发现数学是真的弱科而需要补习的？"

"上九年级的时候，我突然发现我的数学每次都拖后腿，父母也说数学是我的弱科，担心中考成绩会受影响，于是我很着急地补习，也请老师帮忙，也上补习班，可是，一段时间之后发现作用不大，成绩依然上不来，自己感到很厌倦。"

"也就是说，当你发现数学是弱科，你才去补习。而发现一直不太见成效，你就对数学厌倦了，是这样吗？"

"是的，上了高一以后我更着急了，更努力地学数学，可就是学不好。现在看到数学就反感，头脑直接转不动。现在一考数学我就紧张，特别紧张，预感又要考不好了。"

"你是说，你对数学的感情，先是厌倦，后来又是厌恶，然后又到紧张吗？"

"是的。尽管也知道越紧张越考不好，平时会做的题目，考试就不会了，自己紧张得没一点思路。"

没考好，于是觉得是弱科，觉得弱便学不好；学不好就怕考试，怕考试就越考不好，考不好就越坚信它是弱科。

恶性循环的链条中，首要的一环，便是一次没考好就将某一科定义为弱科。

这是一次致命的定义。

定义诞生之后，心理上就觉得它弱，畏惧心理由此伴生。

老师让每一个孩子写出自己的弱科，这本身就是一个消极暗示。他写了数学，家长又不断强调数学是他的弱科，弱科认定再次被强化……

来自四面八方的信息，构成相伴成长的背景音，背景音又不断强化着弱科的认定。

人的下意识往往喜欢验证自己的判断是正确的，会千方百计让这个假设成立，于是，弱科就真的诞生了。

一系列问题被提出，男孩终于看到了强大背景音中那个无言的自己！

二十几分钟的对话，在一个人漫长的学业中不过瞬间，但是，他"秒懂"了！情绪、行为随之变化。

两周后，他又来了到咨询室，师生进行了一次深入交谈。交谈中，李百芹带领他重新体验过去对数学的感受，并将这种感受转变为理性的思考，从而寻找到造成这种感受的核心信念，并将其中的错误信念一一消除，建立起正确的信念。

一个半月后，李百芹去上课的路上，他主动跑来报喜："老师，你知道吗，这两次考试，我的成绩提高很快，由后 5 名提到前 15 名了。数学两次都过了 110 分。我现在的状态和成绩，连数学老师都不相信！"从此，他进入各科并进的快车道。

长期以来，"人类灵魂工程师"的桂冠被戴在老师们头上，岂不知，塑造孩子灵魂的，岂止是教师和父母？

《说文》有言："名者，命也。"由五花八门名词组成的标签后面，多少人在自觉或不自觉地改写着自己和他人的命运代码？

故事二：天赐众生，何以我承负了神的责罚？

从初三开始，不能入睡的午休成为她挥之不去的噩梦，与李百芹见面的时候，她哭丧着脸，浑身无力。

"睡不着，只好让父母陪着睡，即使父母陪睡，自己也需要花很长的时间才能入眠。我都这么大了，唉……"述说着的女孩，眼泪哗哗地流，"很紧张，很闷得慌，这里发闷。我好像很害怕，但我也不知道害怕什么……快要考试了，我很担心考不好。从小时候父母对我的成绩就很看重，考不好就感觉对不起父母，因此每到考试我就害怕。"她把手放到心口处。

经常，她最大的奢望，竟然是中午能好好睡一觉！

她做过各种努力：命令自己必须睡觉，晚上少睡几个小时，数绵羊……这些不但无济于事，相反越来越让她紧张。紧张就心烦，越心烦，就越不能入睡。因为中午不能入睡，下午整个人就处于紧张、混沌和烦躁的状态中。

父母省吃俭用，四处求医问药，先后看过四位中医，吃了几十服中药，可她依然睡不着；听说"保健品"好，于是父母买来很多社会上推销的"保健品"来轮番"加持"，她仍然睡不着。

妈妈只好去求神了。

神婆说，孩子欠了钱粮，神仙降罪了，跪求九个晚上，此罪可免。

于是，妈妈连续九个晚上跪地到深夜。说到这，纤弱的女孩低下头，尽力掩饰哗哗流的泪水。

"为什么睡不着？"

"我感觉对不起父母。他们什么也不用我干，让我只管学习，可是我不但学不好，连好好学都做不到，感觉自己真没用，什么都做不好，不如别人聪明，不如别人会说，不如别人漂亮，自己哪里都不好……"

交谈中，李百芹得知，她的父母不让她做除学习以外的任何事情。这个孩子衣来伸手，饭来张口，一旦说不舒服大家就大惊小怪一齐上阵，唯恐影响了她的学习。

"对不起父母"成为她最强大的背景音。事实也以"对不起"的方式渐次呈现：考试就紧张，紧张就失眠，失眠就失利，失利就恐惧。

学习效率的低下，加剧了她内心的恐慌，而在希望与失望的交织中，逃离困境的一系列尝试，更平添了她的困扰。譬如，母亲九个晚上的长跪不起，几乎敲碎了她的神经：为什么是我背负了神的责罚？！

人生否定式，就这样写成并铐在了她的灵魂上，一系列问题随之诞生：低效能感和自卑，使她在孤僻中更深层次地体验着来自无能感和无力感的羞辱。

当一个人觉得失去了对自己控制的力量，他经受的便不仅是痛苦，更可能是绝望。于是，在和父母以及孩子本人深入分析原因之后，百芹与她两人有了这样一段对话。

"对此，你感到很无奈、很无力是不是？"

"是的，一点办法也没有了！"

"你知道吗？睡不着恰恰是因为你很有力量。睡不着带来的种种痛苦，不是因为睡不着本身，而是你和大家都认为睡不着是件很不好的事。特别的睡眠献给特别的你：如果你觉得必须午睡，就把它看作一种形式，睡一分钟、半分钟都可以，哪怕似睡非睡的迷糊，也就足以养精蓄锐了！科学的午睡是：十几分钟足够，不睡也可以。午睡时间长了，反而导致人昏沉。失眠，是力量在行动！你就是你的真神，你就是这个世界上的唯一真神！责罚你的，是自己的真神！"

话到关键处，灵光自然来：去它的午休！

从交流的第二天开始，孩子从满足于几十秒的迷糊、几分钟的小憩，到入睡十几分钟，再到和其他同学一样完全能正常地午休，终于开启了自己阳光明媚的世界。

所有的身心疾病，都可以从力量上找到症结。朝气蓬勃与死气沉沉，都是力量的不同表现形式。

每一个看似无解的症候背后，都有一个无助的力量在寻找同盟。这是一种无声的存在，看不见，摸不着，发不出声音。这个无声的存在、无助的力量，正是心理奇点所在！听懂了它的呼救，找到了它的

这根本就不是个问题，家长管得多了，自然就成了问题。问题不是洗头发，而是洗头发引起的争吵，以及争吵所造成的各种后续影响。

每天洗头，对孩子来说是一件很重要的事。因为他们处于青春期，是爱美的季节，就像一些鸟类会把自己最漂亮的羽毛在异性面前翻来覆去地炫示。在学校里，必须要穿那无比"痛恨"的校服。所以，发型和鞋子对他们来说就是最最重要的了。也只有这，才能满足他们与众不同的内心需求，让不断膨胀的自我得到满足。

当学习成为唯一，人们便忘记了孩子是一个自然成长的生命。

"每次放假，我去做个发型，妈妈就唠叨半天。我最讨厌她拿学习说事了。发型漂亮了，心情好了，怎么就耽误学习了呢？学习难道就是死死地趴在那里像个呆子？如果是这样，我宁愿不要学习了。

"穿鞋和学习有什么关系？穿上好看的鞋子就不学习了？安心学习就是要穿得破破烂烂的，不修边幅，这是我妈的逻辑。我非常痛恨她不相信我的样子。"

这是李百芹常听到的声音。

这是孩子对家长的反抗。但在强大的权威面前，反抗经常是无效的，于是不自觉中，他们就会把情绪迁移到学习上。

症结找到了，李百芹找来孩子的父母，经过五六次面对面的交流和多次电话跟踪，结果是令人欣慰的，父母从被动到主动地接纳了孩子洗头的事实。这名同学也成功"脱困"，考上了一所一本院校。

孩子要自然长大，家长却努力压制，使用的工具是学习，最终牺牲的还是学习。因发型或鞋子等琐事引发的长期争吵，形成了控制和反控制的亲子关系。

有了控制和反控制，就会有胜利与失败。当家长的心理成长跟不上孩子成长的速度，唯恐出现差错、唯恐孩子的成长逃出自己的视野，他们"努力抓住"的行为，便成了困住孩子才情的锁链，学困生也就由此诞生了。

故事二："都是为了你好"——多少愚昧假汝而行！

又是一名"问题"学生，而且是一名辍学大学生。

李百芹对这名辍学大学生的帮助，历时一年半，但她从头到尾没见过这个学生，每次都是和她的父母交流。

第一次见面，看得出夫妻俩已被折磨得很久，面容憔悴，近乎崩溃边缘。父亲还能勉强打起精神，母亲则疲惫不堪、目光混沌、脸色发黑，再加上穿了件黑色的棉质 T 恤衫，整个人似乎没有一丝力气。

他们有一个曾给家庭带来骄傲的女儿，某名牌大学大二在读生，但竟然因为多次挂科而被学校劝退，他们好歹求情，才给了个留校察看补考的机会。放假回来，她就把自己关在小房间里，天天抱着平板电脑玩游戏，不见任何人，吃饭都在房间里解决，甚至只要父母下班回来，就把房门反锁，从不和他们说话。

母亲每做好饭，就敲敲门喊她吃饭。高兴的时候，她会出来看一下，如果可口，便拿到卧室里吃，不可口就关门"谢饭"。早饭必定是不吃的，每天睡到中午 12 点。她的一天从中午开始。

"开始的时候总害怕饿着她，上班空闲会给她打电话，告诉她饭在哪里，热热吃。后来，我的电话就被拉黑了。"

说到吃饭，母亲眼圈就红了。孩子现在骨瘦如柴，一米六的个子，八十来斤，因低血糖好几次晕倒，但她就是熬夜不吃饭，疯狂打游戏。

每个学期都挂科，最要命的是，她还多次提出不想去上学了。

含着忧伤的泪花，他们诉说了孩子无数的"罪状"：拒绝上学，毫不爱惜身体，不见人，昼伏夜出，活得像只孤独而恐惧的老鼠。说到底，这个孩子几乎就要废了。

李百芹知道，孩子是不会见自己的，她也没想要见孩子。因为她明白，有其母必有其子，她已经在这对父母身上发现了症结所在。于是，李百芹给父母开出了一系列行为"处方"，没给孩子提一点建议。

一脸忧郁地进来，面带笑容地离开。一年多的反复交流，一次甚于一次的豁然开朗，这对父母经历了从管教到陪伴的跨越。李百芹的办公室，似有魔力般使他们不自觉地产生依恋。

从父母的报告中，李百芹分享着孩子无声中的嬗变所带来的喜悦。

那是一个清晨，刚起床的李百芹接到她母亲打来的电话："今天是向您汇报一个好消息的，妍妍（化名）这个学期的成绩出来了，选学加上补考共8科，全部一次通过！她的班主任都震惊了。老师说孩子的表现简直太好了，一直处于拼搏的状态。"

一年半的咨询，从每次考试都挂科，再到劝退和辍学，又到一口气考过8科，这种神话般的切换，酸甜苦辣几人知？

在无限诚挚甚至崇拜的感谢中，李百芹明白，其实真正应当感谢的是这对父母：他们敢于首先改变自己。这，多少父母能做到？

孩子的妈妈情不自禁地多次写来感谢信。其中一次写道：

虽然受益最大的是我们的孩子，但改变最大的应该是我们夫妻俩。你让我们发现了自己在教育孩子过程中的愚蠢。如您所说，是我们侵入孩子的生活太多，让她几乎无法呼吸。我们回去按您的指导进行了调整，没过多久发现，孩子就把我从黑名单里"放"了出来。后来，又从吃饭开始，做好饭喊她一次，不吃就不给她留。没过多久，她反而自己出来吃饭了。

您对我们说，孩子长大了，但我们心中的孩子还没长大，还在像照顾心中的那个小孩一样照顾她。这本身就是对她的不尊重和不信任，她怎么可能好好做自己？是的，她22岁，是成年人了，我俩还经常像哄小孩子一样哄着她，还偷偷看她是不是又在玩游戏，是不是没好好学习，再三唠叨她。我们终于知道，她这是对不信任和羞辱的反抗……

2007年至今，从一个心理学新人到师生家长心目中的心理咨询专家，李百芹也不知道有多少个孩子因她而脱困，从而实现了生命的升华。从无意中展露的"读心"天赋，到用心理学愈伤疗疾，她享受到了给他人输送甜美和光明的美好体验，同时她也清楚，很多成功案例中所用的方法还难以复制和大面积推广，现在，她又开始了她的心理奇点教育的新的探索……

（作者陈为友、刘益阳；原载《山东教育·中学版》，2018年6月刊；发表后曾被中国网、中国新闻网、凤凰咨询网等三十多家网站转载）

02

——

开启心智，化育心灵

《解放受困的灵魂》读后

2017 年年底，记得还是圣诞节的那一天，在北京的一次聚会时，我无意之中认识了李百芹老师。友人介绍说她是搞心理健康教育的，已经很有名气，并不厌其烦地介绍着她的荣耀和成果：十几年执着自学，走国内国际大师路线；心理沙盘治疗法师从申荷永、张日升教授；催眠治疗法师从蔡忠淮博士；心仪美国最具影响力的首席治疗大师、"家庭治疗的哥伦布"萨提亚，享誉国际的美国作家、治疗师、教育家贝曼，中国国际萨提亚学院名誉顾问、享誉全球的国际治疗大师葛茉莉等；是国际二级心理咨询师，中科院心理所发展心理学研究生，儿童心理成长指导师……

我因此开始关注她。她给我的第一印象，是一位很有审美品位和文化修养的女教师。她的阳光、她的落落大方的言谈举止和不卑不亢，以及她的衣着的淡雅得体，都在诠释着一位女教师的特殊魅力。由于自己编辑、记者的职业习惯，我对这些是特别在意的。因为教师的形象本身就具有教育的辐射力，本身就是课程，特别是女教师。没有形象魅力的教师不可能是真正意义上的名师，更不会是教育家。

我因此有了想深入了解她的愿望。

感谢现代通信工具提供的便利，我很快掌握了她在心理健康教育方面积累的大量素材，并一鼓作气，写出了长篇人物通讯《开启心智之门——舒悦（李百芹）和她的心理健康教育》，发表在 2018 年 3 月份的《当代教育家》上。在这篇文章中，我特别强调了舒悦作为一名致力于心理健康教育的教育家型的女教师的特殊意义：

"坦率地说，在接触舒悦之前，我并未关注过心理健康教育这个领域。因为在学校教育中，它只是可有可无的'心理咨询'而已，属'小儿科'。但舒悦的故事让我看到了心理健康教育所展示出的一个神奇的世界——一个开启人的心智的世界，一个化育生命的世界。另外，上面讲述的一个个故事，固然可以从中看到舒悦作为一名心理咨询教师技艺上的成功，但又不仅仅如此——如果仅仅如此，就没有多大意义了……从她身上，人们首先感受到的是她做人的成功，是她作为女教师的魅力。她的阳光，她的'不算漂亮，但却美丽'，她的爱心和慧心，与她的专业密不可分地融合在一起，从而形成了一种可以开启人心扉的电流。电流所至，会让人的心智豁然开朗。

"总之，舒悦以她独特的行走方式诠释了教育——心理健康教育——教师的真谛：教育——教师的重要意义是开启人的心智，化育人的心灵。

"有阳光在、美在，有爱心、慧心在，才有学校在，才有教育在，才有教师在；才有学生心理的健康、心智的成长和灵动。"

但是，对李老师心理健康教育专业方面的优长，《开启》一文并没有过多涉及，而《解放受困的灵魂——李百芹心理奇点教育的探索之路》，则在这一方面做了充分报道。总之，两篇文章各有侧重，相互补充、印证，从而让读者可以看到一个完整的李百芹。

《解放受困的灵魂》一文中谈到的"心理奇点教育"，是李百芹和她的研究团队提出的一个教育新概念，它所涉及和所要破解的是教育的一些深层次的，而又普遍存在的问题。就心理健康教育而言，也是难题。所以，李百芹的"心理奇点教育"的探索之路，实质上是一次人的心灵的探秘、人的生命的探秘，探秘是为了从中找到打开灵魂之锁的钥匙，启动学生成长的内力。从文中的案例可以看出，她所倾心的"心理奇点教育"的确是一项唤醒人内在的生命力量、点燃人的内心价值追求、强大人的心灵的工作，是一项"开启人的心智，化育人的心灵"的事业。教育旨在育人，育人重在正心。心，是中华传统文化的核心概念之一。《黄帝内经》说："心者，生之本，神之变也。"《孟子》说："君子所性，仁义礼智根于心。"中国宋明时代最大的哲学流派之一，叫心学。可以说，一个"心"字，包容着中国人的生命主题、人生真谛和生活智慧。心育，是中国古代教育的核心。从这个意义上说，现代心理健康教育与中国传统教育是一脉相承的。当然，前者更强调科学。

李百芹认为："根本秩序往往是掩盖在无序的现象下面的。从教育对象的无序中发现秩序，是老师的神圣使命。"

"从教育对象的无序中发现秩序"，这里说的"秩序"，就是"育心"的普遍规律。发现"育心"的普遍规律，予以大面积地推广，这是李老师为她的"心理奇点教育"确立的神圣使命，也是她为自己确立的神圣使命。现在，这一项工作已经起步。既已起步，必有所成。

李老师的微信号名字叫"舒悦"。她说，她很喜欢并特别在意这个名字，因为这个名字意味着"舒心、愉悦"，和她所从事的事业相关，她希望一听这名字，就会让人有一种美好的体验；同时也和她自己的生命状态有关。她说：执着学习的过程提升的是职业幸福感，体现的是强烈的使命感。

事虽小，但足以看出她对自己所致力的事业的深刻用心。

是的，化育心灵的过程本身就应当是一种对生命的美好体验，是一个创造幸福和体验幸福的过程。

（作者毕唐书；原载《山东教育·中学版》，2018 年 6 月刊；发表后曾被中国网、中国新闻网、凤凰咨询网等三十多家网站转载）